氯碱行业培训教材

烧碱及聚氯乙烯树脂生产

主　编　邵国斌　刘俊岐　付汉卿　张谦华

副主编　刘　琛　张强华　陈国君　袁军丽

　　　　贾梅珍　贾建功

黄河水利出版社

·郑州·

内 容 提 要

本书是根据烧碱及聚氯乙烯树脂生产需要编写而成的。主要内容包括烧碱生产工艺、氯产品生产工艺、聚氯乙烯树脂生产工艺，内容全面，覆盖氯碱化工生产相关工艺、原理、设备、基本操作、不正常现象与处理等方面内容，实用性较强。

本书适合从事氯碱和聚氯乙烯树脂工业生产的一线技术人员和操作工学习参考。

图书在版编目(CIP)数据

烧碱及聚氯乙烯树脂生产/邵国斌等主编. —郑州：黄河水利出版社，2013.9

ISBN 978 - 7 - 5509 - 0556 - 6

Ⅰ.①烧…　Ⅱ.①邵…　Ⅲ.①烧碱生产 ②聚氯乙烯糊树脂 - 生产工艺　Ⅳ.①TQ114.2 ②TQ325.3

中国版本图书馆 CIP 数据核字(2013)第 231616 号

策划编辑：王路平　电话：0371 - 66022212　E-mail：hhslwlp@163.com

出　版　社：黄河水利出版社
地址：河南省郑州市顺河路黄委会综合楼 14 层　邮政编码：450003
发行单位：黄河水利出版社
发行部电话：0371 - 66026940、66020550、66028024、66022620(传真)
E-mail：hhslcbs@126.com
承印单位：黄河水利委员会印刷厂
开本：890 mm×1 240 mm　1/32
印张：8
字数：230 千字　　　　　　　印数：1—1 500
版次：2013 年 9 月第 1 版　　印次：2013 年 9 月第 1 次印刷

定价：24.00 元

前　言

面对新世纪的机遇与挑战,对化工人才的知识结构、能力结构和素质结构提出了更高的要求。为适应新形势,提高技术工人的知识水平,我们组织氯碱企业部分技术人员编写了《烧碱及聚氯乙烯树脂生产》培训教材。

根据烧碱及聚氯乙烯树脂生产需要,编写人员在收集大量资料的基础上,结合氯碱企业多年化工实践,经加工、筛选、提炼而编纂了此书,为化工操作人员、初中级技工、高级技工提供较全面的有关化工科学理论、生产实践、生产异常情况处理等方面的知识和技术。

本书有以下特点:①综合性,内容全面,覆盖氯碱化工生产相关工艺、原理、设备、基本操作、不正常现象与处理等方面内容;②先进性,内容新颖,吸纳了生产新工艺、新技术;③实用性强,理论联系实际,可操作性强;④针对性强,注重实效,满足职工培训需要。

该教材的编写参阅了国家及行业相关标准、技术资料等,诸如:《最新氯碱产品生产新工艺与过程优化控制及安全事故防范产品检测技术应用手册》、《聚氯乙烯生产与操作》、《聚氯乙烯工艺技术》等。

本书编写人员:邵国斌、刘俊岐、付汉卿、张谦华任主编,刘琛、张强华、陈国君、袁军丽、贾梅珍、贾建功为副主编,参编人员有王中敏、刘卫涛、刘刚、李亚平、董润芳。

由于编者水平所限及编写时间仓促,本书难免存在错漏之处,请广大读者在学习使用过程中不吝提出修改意见,以便再版时进一步修订。

编　者
2013 年 7 月

《烧碱及聚氯乙烯树脂生产》编委会

主　　编：邵国斌　刘俊岐　付汉卿　张谦华

副 主 编：刘　琛　陈长江　陈国君　袁军丽

　　　　　贾梅珍　贾建功　张强年

参编人员：王中敏　刘卫涛　刘　刚　李亚平

　　　　　董瑞芳

目　录

第三篇　聚氯乙烯树脂生产工艺

第一篇　烧碱生产工艺

第一章　盐水精制工艺

电解法生产烧碱的主要原料是饱和食盐水溶液,因此盐水工序是保证氯碱厂正常生产的重要工序。其任务是通过固体盐的溶化、粗制盐水的化学精制以及澄清过滤等,供应符合电槽要求的饱和盐水。

第一节　原盐的性质及组成

一、原盐的性质

原盐的主要成分为氯化钠,化学式 NaCl,分子量 58.5,溶解热为 7.25 kJ/mol。

纯净的氯化钠很少潮解,工业原盐中因含有 $CaCl_2$、$MgCl_2$ 及 Na_2SO_4 等杂质,极易吸收空气中水分而潮解结块。原盐的潮解会给运输、贮存及使用带来一定困难。

(一)氯化钠在水中的溶解度

温度对氯化钠在水中的溶解度的影响并不大,但提高温度可加速原盐的溶解速度。不同温度下氯化钠在水中的溶解度见表 1-1。

(二)氯化钠水溶液的密度

氯化钠水溶液的密度随溶液温度的升高而降低,随着溶液浓度的增大而增大。

表1-1 不同温度下氯化钠在水中的溶解度

| 温度 | 溶解度 | | 温度 | 溶解度 | |
(℃)	%	g/L	(℃)	%	g/L
10	26.35	316.7	60	27.09	320.5
20	26.43	317.2	70	27.30	321.8
30	26.56	317.6	80	27.53	323.3
40	26.71	318.1	90	27.80	325.3
50	26.89	319.2	100	28.12	328.0

（三）氯在不同温度的水和不同浓度盐水中的溶解度

氯在水和盐水中的溶解度随着温度的升高而减少,随着盐水浓度的增加而降低。

（四）盐水的电导率

盐水的电导率随温度、浓度的增加而增大。

二、原盐的品种及组成

原盐在自然界中蕴藏量很大,分布面亦极广。根据来源不同,原盐主要可以分为海盐、井盐、湖盐、矿（岩）盐四大类。就 NaCl 含量而言,湖盐质量最佳,NaCl 含量达96%～99%;井盐、矿盐次之,NaCl 含量在93%～98%;海盐中的 NaCl 含量在91%～95%,海盐中的钙镁含量最高。

三、选择原盐的主要标准

（1）氯化钠含量要高,一般要求大于90%。

（2）化学杂质要少。

（3）不溶于水的机械杂质要少。

（4）盐的颗粒要粗,否则容易结成块状,给运输和使用带来困难。此外,盐的颗粒太细时,盐粒容易从化盐桶中泛出,使化盐和澄清操作难以进行。

每生产 1 t 100% NaOH 需 1.5~1.8 t NaCl(理论值为 1.462 t)。因此,原盐的质量特别是杂质中 Ca^{2+}、Mg^{2+} 的含量和比值会直接影响盐水的质量、精制剂的消耗量与设备的生产能力。

第二节　盐水的精制

原盐溶解后所得的粗盐水中,含有钙、镁、硫酸根等杂质,不能直接用于电槽,需要加以精制。在工业上一般采用化学精制方法即加入精制剂,使盐水中的可溶性杂质转变为溶解度很小的沉淀物而分离除去。

一、盐水精制原理

(一)原盐中杂质对电解的影响

(1)Ca^{2+}、Mg^{2+} 的影响。盐水中的 Ca^{2+}、Mg^{2+} 及其他重金属离子,会与从阴极室反渗过来的 OH^- 形成难溶的氢氧化物而沉积在膜内。这样,一方面会堵塞离子膜使膜电阻增加,从而引起槽电压上升;另一方面还会使膜的性能发生不可逆的恶化而缩短膜的使用寿命。

(2)SO_4^{2-} 的影响。由于 SO_4^{2-} 可以与其他重金属离子(如 Ba^{2+} 等)生成难溶的硫酸盐沉积在膜内,使槽电压升高,电流效率下降。

(3)Fe^{3+} 的影响。精制盐水中含有 Fe^{3+} 时,除在电解过程中可以与 OH^- 形成 $Fe(OH)_3$ 沉积在离子膜上,增加膜电压降和降低电流效率外,还会使氯中含氢增加,形成不安全因素。

(4)铵离子及有机氮的影响。在原盐中或化盐用水中,如果含有铵离子或有机氮化合物,在电解槽内会被氯转化为极易爆炸的 NCl_3,伴随氯气在液氯工序聚积而可能发生爆炸。

(5)重金属离子的影响。盐水中存在重金属离子,将会对阳极涂层的电化学活性有相当大的影响。例如,盐水中的锰沉积在阳极表面,会形成不导电的氧化物,使阳极涂层的活性降低,增加电解槽的电压降,使电耗升高。Fe^{3+}、Mn^{2+}、Cr^{3+}、Ni^{3+} 等多价阳离子是钢制设备中带来的,为了减少这些有害杂质,应该对盐水设备的防腐工作引起足够的重视。

(6)机械杂质的影响。有机物、菌藻类将影响凯膜过滤器的过滤能力;同时,对螯合树脂也会附其表面,影响离子交换。

(二)盐水精制原理

盐水中的可溶性杂质,一般采用加入化学精制剂生成几乎不溶解的化学沉淀物,然后通过澄清、过滤等手段达到精制目的。在澄清过滤的同时也达到去除泥沙及机械杂质的目的。

(1)钙离子的去除。钙离子一般以氯化钙或硫酸钙的形式存在于原盐中,精制时向粗盐水中加入碳酸钠溶液,使 Ca^{2+} 生成不溶性的碳酸钙沉淀(25 ℃时 $CaCO_3$ 的溶度积为 4.8×10^{-8})。其化学反应式为:

$$CaCl_2 + Na_2CO_3 = CaCO_3 \downarrow + 2NaCl$$
$$CaSO_4 + Na_2CO_3 = CaCO_3 \downarrow + Na_2SO_4$$

但是,使用理论量的碳酸钠,需要搅拌数小时才能使上述反应趋于完全。如果加入超过理论用量 0.8 g/L 时,反应在 15 min 内即可完成90%,在不到 1 h 之内就能实际完成。在工业上一般将 Na_2CO_3 的过量控制在 0.3 ~ 0.5 g/L。

(2)镁离子和铁离子的去除。镁和铁一般以氯化物存在于原盐中,精制时加入烧碱溶液即可生成难溶于水的氢氧化镁(25 ℃时溶度积为 5×10^{-12})和氢氧化铁(25 ℃时溶度积为 1.1×10^{-36})。其化学反应式为:

$$MgCl_2 + 2NaOH = Mg(OH)_2 \downarrow + 2NaCl$$
$$FeCl_3 + 3NaOH = Fe(OH)_3 \downarrow + 3NaCl$$

生成的氢氧化镁是一种絮状沉淀物。在除镁离子和铁离子的工艺上,根据工艺需求一种是粗盐水先经 Na_2CO_3 处理,再加 NaOH;另一种是粗盐水先经 NaOH 处理,然后再加 Na_2CO_3。生成的絮状 $Mg(OH)_2$ 可以包住 $CaCO_3$ 晶状沉淀而加速沉降。这样就能缩短盐水的澄清时间,从而提高设备的生产能力。

与碳酸钠一样,烧碱的加入量也需要适当过量,以保证 Mg^{2+}、Fe^{3+} 在较短时间内反应完成。在工业上一般将 NaOH 的过量控制在 0.2 ~ 0.5 g/L。

粗盐水中的铁离子和其他重金属离子也以氢氧化物的形式与氢氧

化镁一起除去。

（3）硫酸根的去除。如果盐水中 SO_4^{2-} 的含量在 5 g/L 以下,若是采用隔膜法生产 30% 液碱时,原盐中带入的硫酸根以硫酸钠的形式溶解于烧碱中。因此,不必另行处理。但在生产 42% 或 50% NaOH 的液碱时,由于硫酸钠在浓碱中的溶解度下降而结晶析出,存在于蒸发工序的回收盐中。为了控制硫酸根的含量,可在蒸发工序用清水循环洗涤回收盐,并排弃一部分饱和硫酸钠的洗涤水,使盐水系统的硫酸钠不致积累。或者利用冷冻设备,冷冻饱和硫酸钠的洗涤水,使芒硝($Na_2SO_4 \cdot 10H_2O$)析出作为商品出售。而脱除硫酸根的盐水则可用来化盐,循环使用。

如果盐水中 SO_4^{2-} 含量大于 5 g/L,则可用化学方法除去。常用的方法是在盐水中加入适量的 $BaCl_2$,使 SO_4^{2-} 转变为 $BsSO_4$ 沉淀析出:

$$Na_2SO_4 + BaCl_2 = BaSO_4 \downarrow + 2NaCl$$

应该指出的是,氯化钡加入量不应过多,因为过剩的氯化钡在电解槽中会与 NaOH 反应生成 $Ba(OH)_2$ 沉淀,造成离子膜堵塞,降低电流效率。

二、盐水精制过程

(一)原盐的溶化

原盐从立式盐仓经皮带输送机和计量秤连续加入化盐桶。为确保盐水浓度,化盐桶内盐层高度应保持在 2.5 m 以上。化盐用水来自电解工序的淡盐水和其他可回收水。加热过的化盐用水,从化盐桶底部经设有均匀分布的菌状折流帽流出,与盐层呈逆向流动状态溶解原盐并成为饱和粗盐水。原盐中央带的草屑等杂质由化盐桶上方的铁栅除去;沉积于桶底的泥沙则定期从化盐桶底部的出泥孔清除。

为加快溶盐速度,化盐用水应加热到 45～60 ℃。在化盐桶内除原盐溶解外,原盐中的镁离子及其他重金属离子还与熟盐水中的氢氧化钠反应,生成不溶性氢氧化物。粗盐水中 NaOH 过碱量则通过熟盐水用量来控制。

化盐桶的结构如图 1-1 所示。生产饱和粗盐水一般为 10～15

$m^3/(m^2 \cdot h)$。为确保盐水的浓度,盐水在桶内停留时间应不小于 30 min。

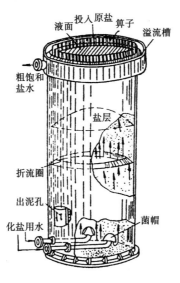

图1-1　化盐桶

(二)粗盐水的精制

从化盐桶上部流出的粗制盐水,经折流槽流入反应桶,在反应桶内加入精制剂 Na_2CO_3 溶液,以除去粗盐水中的钙离子。如前所述,为保证反应完全,碳酸钠的加入量应大于理论量。若盐水中 SO_4^{2-} 含量大于 5 g/L 时,还需加入氯化钡。制得的粗盐水应符合如下质量指标:

NaCl 含量	≥300 g/L	Na_2CO_3 过碱量	0.3～0.5 g/L
NaOH 过碱量	0.2～0.5 g/L	盐水温度	45～60 ℃

(三)粗盐水的澄清和过滤

从反应桶出来的含有碳酸钙、氢氧化镁等悬浮物的混浊盐水,必须分离出沉淀颗粒后才能得到合格的精制盐水。为加快悬浮物的沉降速度,在澄清时必须加入适量絮凝剂。

沉降操作是在沉降设备内进行的。由于澄清原理不同,其设备结构及操作方法亦各有所异。目前,常用的澄清方法有重力沉降和浮上澄清两种。前者是根据悬浮物颗粒的重度大于盐水的重度(即悬浮颗粒所受到的重力大于盐水对悬浮物的浮力)使悬浮颗粒下沉在设备底部,聚集成为浓缩的泥浆而排出;后者则是利用在加压下将空气溶解在带有悬浮物的粗盐水中,然后突然减压,使溶解的空气形成微小的气泡释出并吸附在悬浮物的表面上,使悬浮物的假比重大大小于盐水的比重(即悬浮物所受到的重力小于盐水对悬浮物的浮力)而上浮,并从澄清桶的上部排出。少量重度较大的沙粒则沉积在澄清桶的底部定期排出。浮上澄清法的优点是适合于含镁较高原盐,且清液分离速度大,受温度变化的影响小,生产能力大,缺点是操作较麻烦。

从澄清桶出来的清盐水中,还有少量细微的悬浮物,需要经过过滤进一步净化。常用的盐水过滤器有戈尔膜过滤器和凯膜过滤器,经过滤后的精盐水就可成为电解用的精盐水。过滤后的精盐水质量要求应达到下列标准:

NaCl 含量	$\geqslant 300$ g/L	Ca^{2+}、Mg^{2+} 总量	$\leqslant 1$ mg/L
SO_4^{2-}	< 5 g/L	温度	$45 \sim 60$ ℃
Na_2CO_3 过碱量	$0.3 \sim 0.5$ g/L	NaOH 过碱量	$0.2 \sim 0.5$ g/L
pH 值	$8.5 \sim 10.5$		

(四)盐泥的洗涤

从盐水澄清设备的底部或从浮上澄清桶上部排出的盐泥中含盐量约为 300 g/L,生产 1 t 100% 的 NaOH 产生 $0.3 \sim 0.9$ m^3 盐泥。为了降低原盐的消耗定额,必须将其中的盐回收。

回收氯化钠的操作一般均在三层洗泥桶内进行。盐泥在三层洗泥桶内与洗涤水逆流接触多次,让氯化钠充分溶于水中。所得的淡盐水供溶盐使用。盐泥则自上而下经层层洗涤后由桶底定时排出。洗泥后的泥浆称为白脚,白脚中含盐量应低于 10 g/L。洗泥时,盐泥与洗水的比例控制在 1:(3~5)。为了洗涤干净,洗盐水的温度应保持在 40~50 ℃。

(五)盐泥的利用

盐泥是盐水工序的主要三废,其中固体物占 10% ~ 12%,它的主要成分为 $Mg(OH)_2$、$CaCO_3$ 等。盐泥经压滤后可以制成轻质氧化镁,供造纸或橡胶工业作填充剂或制成高级耐火材料等。发生的主要化学反应过程如下：

$$Mg(OH)_2 + 2CO_2 = Mg(HCO_3)_2$$

$$Mg(HCO_3)_2 \xrightarrow{95\ ℃} MgCO_3 + H_2O + CO_2$$

$$MgCO_3 \xrightarrow{850\ ℃} MgO + CO_2$$

此法对盐泥中 NaCl 的含量要求在 2 g/L 以下，否则氧化镁中含氯太高，不符合产品质量要求。因此，盐泥在碳酸化以前还需进行洗涤、处理。其工艺流程如图 1-2 所示。

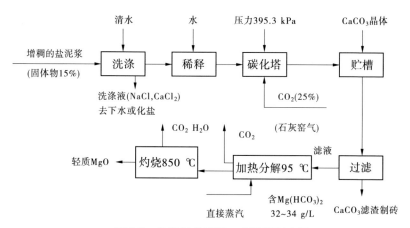

图 1-2　盐泥回收利用工艺流程示意图

三、影响精制盐水质量的主要因素

(一)影响盐水浓度的因素

(1)温度。温度虽然对氯化钠的溶解度影响不大，但温度升高可以加速氯化钠的溶解速度，使盐水在较短时间内达到饱和。另外，在较高的温度下还可加快 Ca^{2+}、Mg^{2+} 与精制剂的反应速度，使其在较短时间内完成精制反应。因此，在生产上往往采用热水化盐，将化盐桶及反应桶内的盐水温度控制在 45 ℃以上。

(2)盐层高度。化盐桶内盐层高度是保证盐水浓度的一个重要指标。如果盐层高度太低，盐水就不能被饱和。在生产中要求控制盐层在 2.5 m 以上,有时在化盐桶底部积存了大量泥沙,也会影响盐层的有效高度。因此,对化盐桶内的淤泥,必须定期进行清除。

(二)影响盐水澄清的因素

(1)盐水中 Mg^{2+}/Ca^{2+} 的比值。粗盐水中 $CaCO_3$、$BaSO_4$ 为结晶型沉淀,粒子容易下沉;而 $Mg(OH)_2$ 为胶体絮状物,呈稳定分散状,不易沉降。因此,若原盐中 Ca^{2+} 含量大于 Mg^{2+},则生成的碳酸钙就能作为晶种吸附氢氧化镁一起下沉,沉降效果就好。反之,则生成的碳酸钙就不能完全夹带氢氧化镁一起下沉,从而影响盐水的澄清速度。生产上要求原盐中 Mg^{2+}/Ca^{2+} 的比值小于或等于 1。为达到此目的,在原盐溶解时应根据原盐质量的好坏,进行搭配使用或在盐水中加入适量石灰水以提高 Ca^{2+} 的含量。

(2)絮凝剂。选用性能优良的絮凝剂使颗粒能在较短时间内凝聚变大,以加快悬浮颗粒的下降速度。

(3)盐水的温度和浓度。混盐水中悬浮物的沉降与固体颗粒和盐水的密度差有关。因此,提高澄清桶内盐水的温度不但能够扩大悬浮物与盐水之间的密度差,而且还可以减小盐水的黏度而加快悬浮物的下沉速度。

另外,对进入澄清桶的盐水的温度和浓度要求稳定,否则盐水会因密度差而引起对流,产生泛浑现象,影响沉降速度和澄清效果。在生产中要求澄清桶进出口的盐水温度差小于 5 ℃。

(4)过碱量。在去除 Mg^{2+}、Ca^{2+} 时,碳酸钠及氢氧化钠必须适量。如果过多,当盐水的 pH 值大于 12 时,亦会影响盐水的澄清效果。

四、影响盐泥压滤的因素

(一)料液的性质

(1)盐泥粒度的大小是直接影响压滤效率的主要因素。

由于凝聚剂使用的不同,NaCl 含量的不同,压滤效果也不同。

(2)泥浆含固量不同对压滤效果有影响。

(3)盐泥组分不同对压滤效果有影响。

当用卤水或海盐 Ca^{2+}/Mg^{2+} 比值高时,盐泥中含 $CaCO_3$ 成分增多压滤效果就好一点,当盐质量 Mg^{2+}/Ca^{2+} 比值倒置时,盐泥中含 $Mg(OH)_2$ 成分多压滤效果差,泥饼含水率较高。

(二)压滤的推动力

一般情况下,提高过程推动力可以提高盐泥压滤的效率。但以下几种情况使压滤的推动力受到影响。

(1)进料推动力越高,对设备的密封性能要求亦高。

(2)当压滤机初滤时,为使其尽快形成滤膜,推动力不能过高。

(3)滤布老化。

(三)过滤介质(滤布)的影响

过滤介质(滤布)的影响主要表现在对过程中的阻力和过滤的效率上,滤布性能的差异反映出压滤效率不同。

第三节　主要生产设备

一、溶盐设备

原盐溶解是在化盐桶内进行的。化盐桶为立式衬胶的钢制圆筒形设备,内部结构见图1-3。在桶的底部有菌状折流帽,其作用是使化盐水进入桶内分布均匀。中间有折流圈,以防止盐水流动时发生短路。上部有盐水溢流槽及铁栅。

化盐桶的高度为考虑操作方便可取 $4 \sim 5\,m$,桶的直径可根据生产需要按下式计算:

$$D = \sqrt{\dfrac{Q}{\dfrac{\pi}{4} \cdot q}}$$

式中:D 为化盐桶直径,m;Q 为盐水流量,m^3/h;q 为生产强度,一般取 $8 \sim 12\,m^3/(m^2 \cdot h)$。

二、澄清设备

澄清设备主要有道尔型澄清桶、斜板(蜂窝)型澄清桶、浮上澄清

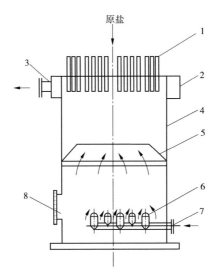

1—铁栅;2—溢流槽;3—粗盐水出口;
4—桶体;5—折流圈;6—折流帽;
7—溶盐水进口;8—入孔

图 1-3 化盐桶

桶、双搅拌澄清桶等。

浮上澄清桶工作原理如下:

浮上澄清桶的结构如图 1-4 所示。自加压槽出来的溶有空气的浑盐水,加入助沉剂后进入浮上澄清桶的凝聚反应室 3,在凝聚反应室内盐水一方面进行凝聚反应;另一方面由于压力减小,释放出大量极为细微的气泡并附着在悬浮物的表面,使悬浮物向上浮起。浮泥通过浮泥槽 5 在澄清桶的中部连续排出,重度较大的泥沙则从凝聚室直接下沉到沉泥斗 4 排出;清盐水经过挡圈 2 向下折流,然后从清盐水通道管 7 进入集水槽 6 流出。

浮上澄清桶的优点是适用于含镁较高的原盐,且受温度影响较小,清溶上升速度快,设备的生产能力也较大。缺点是需要一套加压装置,辅助设备较多,消耗的动力也较多。

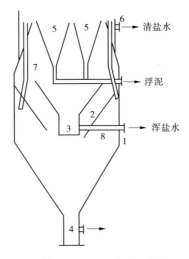

1—槽体;2—挡圈;3—凝聚反应室;

4—沉泥斗;5—浮泥槽;6—集水槽;

7—清盐水通道管;8—粗盐水进口管

图1-4　浮上澄清桶的结构

三、过滤设备

盐水的过滤设备主要有戈尔膜过滤器和凯膜过滤器。

凯膜过滤器工作原理如下:

(1)物理过滤,粗盐水在一定压力下通过孔径为 $0.22 \sim 0.50~\mu m$ 的膜管,杂质被阻隔,从而得到纯净的精盐水。

(2)反冲洗,当过滤一段时间后,膜上沉积达到一定厚度时,靠过滤器内的液位压力,液体反向渗过膜,将沉积在膜表面的滤渣冲掉,滤渣沉降到锥形底部。

(3)排渣,当过滤器锥形底部的滤渣达到一定量时,过滤器打开排渣阀排出滤渣。

(4)酸洗,由于膜上的阻垢物主要是碳酸钙,加入盐酸使碳酸钙发生分解。

动作过程:盐水通过进液阀向过滤器进液,为了减少过滤腔的阻力,打开排气阀数秒放出腔内气体,当盐水透过膜升到液位计时,过滤器开始过滤计时。当达到设定的过滤时间时,就进入反冲状态。此时关闭进液阀、打开反冲阀,当盐水透过膜降到液位计下时,停止反冲,进入沉降时间。这样就完成了一个进液、过滤、反冲、沉降循环。当达到过滤循环次数时,进行排渣。因为是最后一次沉降,液体在液位计下,进入排渣前过滤时间补充盐水后,打开排气阀泄压,同时打开排渣。

四、洗泥设备

从澄清桶排出的盐泥含有氯化钠 300 g/L 左右,100% NaOH 一般排出盐泥 0.3 ~ 0.9 m³/t。为了降低原盐的消耗定额及避免 NaCl 外流污染环境,一般采用多三层洗泥桶或板框式压滤机回收原盐。

板框式压滤机的工作原理如下:

从澄清桶排出的泥(或洗泥桶排出的泥)经板框式压滤机压滤,泥浆形成滤饼,含固量为 50% 左右。压出盐水返回生产系统。使用压滤机能降低原盐的消耗定额及避免盐泥污染环境。

板框式压滤机(见图 1-5)由许多按一定顺序排列的滤板组成。滤板具有凹凸的表面,构成了许多沟槽,形成通道。板框之间夹有滤布,装合时用压紧装置将滤板压紧,两滤板之间所形成的空间构成一个过滤室。过滤时具有一定压力的滤浆通过板框中心的进料孔,经各个滤框的料液通道进入到过滤空间内。滤液通过滤布沿着滤板的凹凸表面流下,并汇集在滤板下端,由出水管排出。

当操作一段时间之后,滤饼充满了整个滤框,过滤速度逐渐变慢。此时可放松机头的压板移动滤板,取出滤渣后重新装合,再进行下一次工作。

板框式压滤机具有结构简单、制造方便、所需辅助设备少、过滤面积大、操作压力高、管理简单及使用可靠等优点。适用于液相黏度高,具有腐蚀性的悬浮液的过滤。其缺点是装卸板框的劳动强度大、洗涤不均、滤布损耗快。

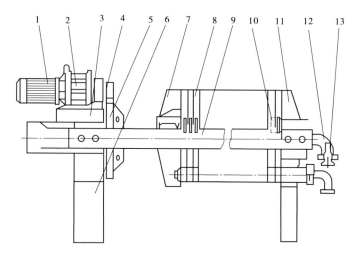

1—电动机;2—针轮减速机;3—丝杠传动体;4—主动齿轮;
5—从动齿轮;6—机脚;7—活动压板;8—复合橡胶滤板;
9—大梁;10—拉手;11—固定压板;12—进料口;13—出水口

图1-5　板框式压滤机

第四节　物料衡算

以生产1 t 100%烧碱为计算基准。盐水精制方法采用烧碱—纯碱法。物料平衡公式推导如下。

一、采用符号

(1)原盐组成(重量百分比)。原盐用量为 G_1(kg),各组分的含量分别为:NaCl $= C_1$(%),$CaCl_2 = C_2$(%),$MgCl_2 = C_3$(%),$MgSO_4 = C_4$(%),$Na_2SO_4 = C_5$(%),不溶性杂质 $= G_6$(%),水分 $= C_7$(%)。

(2)回收盐水组成。回收盐水量为 G_2(m^3),各组分的含量分别为:NaCl $= X_1$(g/L),NaOH $= X_2$(g/L),$H_2O = X_3$(g/L),相对密度 $= d_1$。

(3)精盐水组成。精盐水理论消耗量为 G_5(m^3/t)100% NaOH,其中：$NaCl = X_4(g/L)$，Na_2CO_3 过碱量 $= X_5(g/L)$，$NaOH$ 过碱量 $= X_6$（g/L），$Na_2SO_4 = X_7(g/L)$，$H_2O = X_8(g/L)$，相对密度 $= d_2$。

（4）废泥组成。废泥体积为 $G_7(m^3)$，其中：$Mg(OH)_2 = X_9(g/L)$，$CaCO_3 = X_{10}(g/L)$，$H_2O = X_{11}(g/L)$，$NaCl = X_{12}(g/L)$，相对密度 $= d_3$。

（5）其他。Na_2CO_3 加入量为 $G_3(kg)$，补充水量为 $G_4(kg)$，30% $NaOH$ 成品碱中带走盐量为 $G_6(kg)$，不溶性杂质为 $G_8(kg)$，盐损耗为 $G_9(kg)$，水损耗为 $G_{10}(kg)$。

（二）化盐工序物料平衡

化盐工序物料平衡如图 1-6 所示。

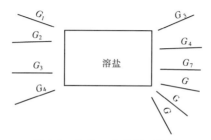

图 1-6　化盐工序物料平衡图

（1）$NaCl$ 的衡算。在 $NaCl$ 的输入计算中，除了原盐和回收盐水外，在盐水精制时还有 $NaCl$ 生成：

$$MgCl_2 + 2NaOH = Mg(OH)_2\downarrow + 2NaCl \qquad (a)$$

$$CaCl_2 + Na_2CO_3 = CaCO_3\downarrow + 2NaCl \qquad (b)$$

$$MgSO_4 + 2NaOH = Mg(OH)_2\downarrow + Na_2SO_4 \qquad (c)$$

根据反应式（a）生成的 $NaCl$ 的重量：

$$W_1 = \frac{117}{95}G_1 \cdot C_3$$

根据反应式（b）生成的 $NaCl$ 的重量：

$$W_2 = \frac{117}{111}G_1 \cdot C_2$$

根据反应式（c）生成的 Na_2SO_4 的重量：

$$W_3 = \frac{142}{120}G_1 \cdot C_4$$

所以,盐的衡算应按下式计算:

$$G_1 C_1 + G_2 X_2 + \frac{117}{95} \cdot G_1 C_3 + \frac{117}{111} \cdot G_1 \cdot C_2$$

$$= G_5 X_4 + G_6 + G_7 X_{12} + G_9$$

(2)水的衡算:

$$G_1 C_7 + G_2 X_3 + G_4 = G_5 X_8 + G_7 X_{11} + G_{10}$$

(3)盐水精制剂的计算:

①Na_2CO_3 用量计算:Na_2CO_3 的消耗 G_3 应等于精制时所消耗的 Na_2CO_3 的量(G_{31})和精盐水中 Na_2CO_3 的过碱量(G_{32})之和:

$$G_3 = G_{31} + G_{32}$$

式中:$G_{31} = \frac{106}{111} G_1 \cdot C_2$;$G_{32} = G_5 X_5$

代入上式,则

$$G_3 = \frac{106}{111} G_1 C_2 + G_5 X_5$$

②NaOH 过碱量计算:精盐水中 NaOH 过碱量 X_6 应等于回收盐水中 NaOH 的量($G_2 X_2$)与精制反应中消耗的 NaOH 的量的差值除精制盐水的体积(G_5):

$$X_6 = \frac{G_2 X_2 - (\frac{80}{95} G_1 C_3 + \frac{80}{120} G_1 C_4)}{G_5}$$

第五节　盐水工序基本操作

一、工艺流程

来自盐矿的卤水进入卤水罐(或直接进入化盐桶),卤水泵将卤水打入化盐桶,根据盐水浓度决定是否上盐。饱和盐水出化盐桶自流进入折流槽(当盐水浓度低或使用淡盐水时,卤水泵将淡盐水打入配水罐,用化盐泵打入化盐桶,原盐经皮带机送入化盐桶,保持一定的盐层高度,饱和后的盐水出化盐桶进入折流槽),在折流槽中加 NaOH 并调整 NaOH 含量，Mg^{2+} 与 NaOH 发生反应，生成 $Mg(OH)_2$，NaClO 把藻类、腐殖酸等氧化分解成为小分子有机物，然后粗盐水自流入前反应地槽，再用泵将地槽内的粗盐水打入溶气罐，盐水与压缩空气充分混合后，通过释放阀并经文丘里混合器加入三氯化铁，进入浮上澄清桶。$Mg(OH)_2$ 和有机物经 $FeCl_3$ 絮凝后上浮形成浮泥，定时排入盐泥池，其他机械杂质沉入底部形成下排泥，定时排入盐泥池，清液流入折流槽，加入 Na_2CO_3 后自流进入两个串联的反应桶，Ca^{2+} 与 Na_2CO_3 充分反应后，盐水进入中间槽，用进料泵连续打入过滤器，过滤后的精盐水用盐酸调节 pH 值为 8.5～10.5，加亚硫酸钠除去游离氯，自流入精盐水罐，送往离子膜电解系统，过滤器截留的滤渣排入盐泥池。盐泥池中的泥浆由泵送至泥浆罐后再送至板框压滤机进行压滤处理，滤液送至淡盐水罐，滤渣进行环保处理。

二、盐水工序开车步骤

（1）接到开车通知，检查卤水罐液位及卤水流量，并分析卤水含盐量。

（2）打开卤水与淡盐水板式换热器的卤水及淡盐水进出口阀门。如果是冬天气温低，打开螺旋板换热器热水与卤水进出口阀门。如果是夏天气温高，打开螺旋板换热器的旁路阀门，将热水和卤水进出口阀门关闭。

（3）启动卤水泵。

（4）观察板式换热器卤水及淡盐水温度，并检查化盐桶是否上水。

（5）当化盐桶出口开始流盐水时，将折流槽的 NaOH 阀门打开，并分析折流槽 NaOH 的过碱量。

（6）观察前反应地池液位，启动加压泵。

（7）观察溶气罐液位，当液位达到 50% 左右时，打开释放阀，并将系统流量调至稳定值。

（8）观察浮上桶运行效果。

（9）在盐水流至 1 号反应桶时，打开 Na_2CO_3 阀门，并及时分析 Na_2CO_3 过碱量，并打开反应桶的搅拌机。

(10)观察中间槽液位,当液位达到 50% 左右时,启动进料泵及过滤器。

(11)观察过滤器运行效果。

(12)打开精盐水加酸及亚硫酸钠阀门,并调整单极和复极电解精盐水阀门,保持精盐水存量。

三、盐水工序停车步骤

(1)接到停车通知后,准备停车。

(2)停卤水泵。

(3)观察板式换热器淡盐水温度,如果温度过高,将淡盐水的二级冷却阀门打开。

(4)关闭 NaOH 加入阀。

(5)停加压泵。

(6)关闭 Na_2CO_3 阀门。

(7)中间槽液位降至 20% 左右时,停过滤器及进料泵。

(8)关闭精盐水加酸和亚硫酸钠阀门。

四、盐水工序主要工艺指标

(1)粗盐水:

化盐温度 45~60 ℃   NaOH 含量 0.2~0.5 g/L

Na_2CO_3 含量 0.4~0.6 g/L

(2)精盐水:

NaCl 含量 300 g/L Na_2CO_3 含量 0.3~0.5 g/L

SO_4^{2-} 含量 ≤5 g/L   游离氯 ORP 含量 ≤50 m

$Ca^{2+} + Mg^{2+}$ 含量 ≤1 mg/L   pH 值 8.5~10.5

SS ≤1 mg/L   无机铵 <1 mg/L

总铵 <10 mg/L

五、盐水工序不正常现象及处理方法

盐水工序不正常现象及处理方法见表 1-2。

表1-2　盐水工序不正常现象及处理方法

现象	原因	处理方法
粗盐水含盐低	(1)化盐桶盐层太低 (2)化盐水偏流 (3)化盐水温度太低 (4)废碱用量大或浓度低 (5)卤水含盐低 (6)换热器漏	(1)及时上盐,加高盐层 (2)检查进水分配管是否堵塞 (3)提高化盐用水温度 (4)控制流量,检查流量或用离子膜碱 (5)提高卤水含盐 (6)逐台检查换热器,有漏的及时处理
粗盐水 NaOH 含量不足或太高	折流槽加碱控制不当	及时检查折流槽
卤水泵或化盐泵流量小	(1)进出口阀门开的小或堵塞 (2)叶轮内杂物堵塞 (3)管道堵塞 (4)泵或管道有结晶	(1)开大进出口阀门或拆开阀门清理杂物 (2)检修叶轮,清理杂物 (3)清理管道 (4)加清水处理
化盐桶中心桶盐水外溢	盐层太高	控制上盐量
加压溶气罐液位太低	(1)粗盐水地池抽空 (2)加压泵进出口阀门开的小或阀门管道堵塞 (3)加压泵叶轮内有杂物 (4)加压溶气罐盐水进口管堵塞 (5)减压阀开的太大	(1)开大化盐流量 (2)开大进出口阀门或拆开阀门,清理管道杂物 (3)检修叶轮,清理杂物 (4)拆开管道,清除杂物 (5)关小减压阀
过滤器挠性阀状态出错	(1)控制器故障 (2)电磁阀故障 (3)挠性阀内胆损坏	(1)和(2)由仪表室检查处理 (3)更换内胆

续表1-2

现象	原因	处理方法
过滤器过滤压力太高	(1)进液量太大 (2)过滤膜过滤能力变小 (3)压力表指示及接点输出错误 (4)压力表至控制箱接线不良或短路 (5)排泥不畅,过滤器积泥	(1)开大回流阀,减小进液量 (2)清洗滤膜,提高过滤能力 (3)检修或更换压力表 (4)由仪表室检查处理 (5)停车清理积泥
控制柜出现错误信息"Err1"	(1)反冲时间长 (2)液位仪浮球结晶 (3)液位仪线路故障	(1)清洗滤膜或增加设定值 (2)清理结晶 (3)仪表室检查处理
控制柜出现错误信息"Err2",设备停机	过滤压力高	(1)停机状态下按停机按钮,清除信号 (2)开大回流阀,减少进液量 (3)清洗滤膜
过滤器液位迅速降低	仪表气突然中断或压力过低	(1)立即关闭排泥管及回液管手动阀 (2)检查气源
控制柜电源停电,送电后过滤器不能启动	S_4、S_8灯不亮	按启动键,按func1使S_4亮,按func2,使S_8亮,再开机
精盐水Ca^{2+}、Mg^{2+}高	(1)Na_2CO_3、$NaOH$过量或不足 (2)滤膜泄漏	(1)及时调整粗盐水过碱量 (2)查出并更换泄漏的滤膜
精盐水SS超标	滤膜泄漏	及时查出并更换泄漏的滤膜
精盐水游离氯含量高	粗盐水游离氯含量高	(1)调整配水游离氯含量 (2)在进液泵进口补加Na_2SO_3

第二章 离子交换膜法电解制碱工艺

第一节 概 述

离子交换膜(简称离子膜)法电解制碱技术在 20 世纪 50 年代就开始研究,1966 年美国杜邦(Dupout)公司开发了化学稳定性较好的离子交换膜(即 Nafion 膜),日本旭化成公司于 1975 年开始工业化生产,为离子膜法电解食盐水溶液工艺的工业化铺平了道路。目前,全世界已有 90 多家氯碱厂应用离子膜的工艺技术,日产量已达万吨以上。

离子膜法制碱技术与传统的隔膜法、水银法相比,具有能耗低、产品质量高、占地面积少、生产能力大及能适应电流昼夜变化波动大等优点。此外,它还彻底根治了石棉、水银对环境的污染。因此,被公认为是氯碱工业的发展方向。

一、离子膜法制碱原理

用于氯碱工业的离子交换膜,是一种能耐氯碱腐蚀的阳离子交换膜。在膜的内部具有极为复杂的化学结构,膜内存在固定离子和可交换的对离子两部分。在电解食盐水溶液时所使用的阳离子交换膜的膜体中,它的活性基团是由带负电荷的固定离子(如 SO_3^-、COO^-)和一个带正电荷的对离子(如 Na^+)组成,它们之间以离子键结合在一起。磺酸型阳离子交换膜的化学结构可用下式表示:

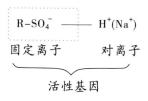

$$R\text{-}SO_4^- \quad\text{——}\quad H^+(Na^+)$$

固定离子 　　　　对离子

活性基因

式中:R 表示大分子结构。

由于磺酸基团具有亲水性能,因此膜在溶液中能够溶胀,而使膜体结构变松,形成许多微细弯曲的通道。这样活性基团中的对离子(Na^+),就可以与水溶液中的同电荷的 Na^+ 进行交换并透过膜。而活性基团中的固定离子(SO_3^-),则具有排斥 Cl^- 和 OH^- 的能力(见图 2-1)。使它们不能透过离子膜,从而获得高纯度的氢氧化钠溶液。

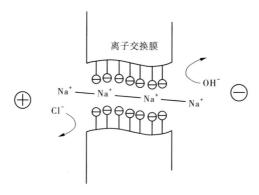

图 2-1　离子交换膜示意图

离子膜电解制碱原理如图 2-2 所示。电解槽的阴极室和阳极室用阳离子交换膜隔开,精制盐水进入阳极室,纯水加入阴极室。通电时 H_2O 在阴极表面放电生成氢气,Na^+ 通过离子膜由阳极室迁移到阴极室与 OH^- 结合成 NaOH;Cl^- 则在阳极表面放电生成氯气。经电解后的淡盐水随氯气一起离开阳极室。氢氧化钠的浓度可利用进电槽的纯水量来调节。

二、离子交换膜的性能和种类

(一)离子变换膜的性能

离子交换膜是离子膜制碱的核心,它必须具备以下几个条件:

(1)高化学稳定性。在电解槽中,离子膜的阴极侧接触的是高温浓碱,而在阳极侧接触的是高温、高浓度的酸性盐水和湿氯气。因此,它必须具备良好的耐酸、耐碱和耐氧化的性能。

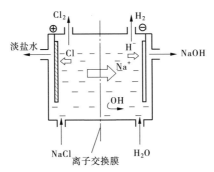

图2-2 离子膜电解制碱原理

（2）优良的电化学性能。在电解过程中，为了降低槽电压以降低电能的消耗，离子膜必须具有较低的膜电阻和较大的交换容量。同时还须具有较好的反渗透能力，以阻止 OH^- 的渗透。

（3）稳定的操作性能。为了适应生产的变化，离子膜必须能在较大的电流波动范围内正常工作，并且在操作条件（如温度、盐水及纯水供给等）发生变化时，能很快恢复其电性能。

（4）较高的机械强度。离子膜必须具有较好的物理性能，薄而不破，均一的强度和柔韧性。同时由于膜长时间浸没在盐水中工作，它还须具有较小的膨胀率。

（5）使用方便性。膜的安装和拆卸应较方便。

（二）离子交换膜的种类

1. 全氟羧酸膜（Rf－COOH）

全氟羧酸膜是一种具有弱酸性和亲水性小的离子交换膜。膜内固定离子的浓度较大，能阻止 OH^- 的反渗透，因此阴极室的 NaOH 浓度可达35%左右。而且电流效率也较高，可达95%以上。它能置于 pH＞3 的酸性溶液中，在电解时化学稳定性好。缺点是膜阻力较大，在阳极室不能加酸，因此氯中含氧较高。目前采用的羧酸膜是具有高/低交换容量羧酸层组成的复合膜。电解时，面向阴极侧的是低交换容量的羧酸层，面向阳极侧的是高交换容量的羧酸层。这样既能得到较高的电流效率又能降低膜电阻，且有较好的机械强度。

2. 全氟磺酸膜(Rf - SO₃H)

全氟磺酸膜是一种强酸型离子交换膜。这类膜的亲水性好,因此膜电阻小,但由于膜的固定离子浓度低,对 OH⁻ 的排斥力小。因此,电槽的电流效率较低,一般小于 80%。产品的 NaOH 浓度也较低,一般小于 20%。但它能置于 pH = 1 的酸性溶液中,因此可在电解槽阳极室内加盐酸,以中和反渗的 OH⁻。这样所得的氯气纯度就高,一般含氧少于 0.5%。

3. 全氟磺酸/羧酸复合膜(Rf - SO₃H/Rf - COOH)

这是一种电化学性能优良的离子交换膜。在膜的两侧具有两种离子交换基团,电解时较薄的羧酸层面向阴极,较厚的磺酸层面向阳极,因此兼有羧酸膜和磺酸膜的优点,它可阻挡 OH⁻ 的反渗透,从而可以在较高电流效率下制得高浓度的 NaOH 溶液。同时由于膜电阻较小,可以在较大电流密度下工作,且可用盐酸中和阳极液,得到纯度高的氯气。

三、离子膜电解槽

离子膜电解槽有单极式和复极式两种形式。不管哪种槽型,每台电解槽都是由若干个电解单元组成的。每个电解单元都有阳极、阴极和离子交换膜。阳极由钛材制成,并涂有多种活性涂层,阴极有用软钢制成的,也有用镍材或不锈钢制成的。阴极上有的有活性涂层,也有的无涂层。单极式和复极式电解槽的结构加图 2-3 所示。

复极槽和单极槽之间的主要区别在于电解槽的电路接线方法不同。单极槽内部的各个单元槽是并联的,而各个电解槽之间的电路是串联的。复极槽则相反,在槽内各个单元槽之间是串联的,而电解槽之间为并联的。因此,在单极槽内通过各个单元槽的电流之和即为通过一台单极槽的总电流。而各个单元槽的电压则和单极槽的电压相等。即

$$I = I_1 + I_2 + \cdots + I_n$$
$$U = U_1 = U_2 = \cdots = V_n$$

所以,每台单极槽运转的特点是低电压、高电流。

对于复极槽,通过各个单元槽的电流是相等的,其总电压则是各个单元槽的电压之和。即

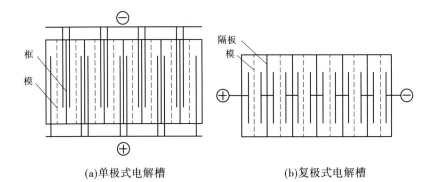

(a)单极式电解槽　　　　　　(b)复极式电解槽

图2-3　单极式、复极式电解槽结构示意图

$$I = I_1 = I_2 = \cdots = I_n$$

$$U = U_1 + U_2 + \cdots U_n$$

所以,每台复极槽运转的特点是低电流、高电压。

单极槽与复极槽之间的特性见表2-1。

表2-1　单极槽与复极槽的特性比较

单极槽	复极槽
（1）单元槽并联,因此供电是高电流,低电压	（1）单元槽串联,因此供电是低电流,高电压。变流效率较高
（2）电槽与电槽之间要有联接铜排,耗用铜量多,且有电压损失在30~50 mV	（2）电槽与电槽之间不用联接铜排,一般用复合板或其他方式,电压损失在3~20 mV
（3）一台电解槽发生故障,可以单独停下检修,其余电解槽仍可继续运转	（3）一台电解槽发生故障,需停下全部电解槽才能检修,影响生产
（4）电解槽检修拆装工作比较烦琐,但每台电解槽可以轮流检修	（4）电解槽检修拆装工作比较容易
（5）电解槽厂房面积较大	（5）电解槽厂房面积较小
（6）电解槽的配件,管件的数量较多	（6）电解槽的配件,管件的数量较少,但一般复极槽需要油压机构装置
（7）设计电解槽时,可以根据电流的大小,来增减单元槽的数量	（7）单元槽数不能随意变动

第二节　离子膜电解制碱工艺

一、盐水的二次精制

盐水的质量是离子膜电解槽正常生产的一个关键。盐水质量不仅影响离子膜的使用寿命,而且也是离子膜能否在高电流密度下运行得到高电流效率的至关重要的因素。电解槽所用的阳离子膜交换膜,具有选择性和透过溶液中阳离子的特性。因此,它不仅能使 Na^+ 大量通过,而且也能让 Ca^{2+}、Mg^{2+}、Fe^{2+}、Ba^{2+} 等通过,当这些杂质阳离子透过膜时,就和从阴极室反渗过来的微量 OH^- 形成难溶的氢氧化物堵塞离子膜。这样,一方面使隔膜的电阻增加,引起槽电压上升;另一方面会加剧 OH^- 的反渗透而造成电流效率下降。在盐水中,如果钡离子、铁离子含量高,还会破坏金属阳极的钌钛涂层和阴极涂层的活性,影响电极使用寿命。此外,盐水中氯酸根和悬浮物也能影响离子膜的正常运行。有的离子膜对盐水中 I^- 的含量还有要求。因此,由于电解盐水的纯度远远高于隔膜电槽和水银电槽,它必须在原来一次精制的基础上,再进行第二次精制。

(一)二次盐水精制

在一次精制盐水中,钙镁含量在 1 mg/L 左右。但是,用于离子膜电解槽的盐水,要求钙镁含量必须低于 20 μg/L。因此,盐水在一次精制的基础上还需要进行二次精制。盐水的二次精制目前均采用螯合树脂法进行。二次盐水精制目前通常采用二台或三台螯合树脂塔串联流程。

1. 盐水二次精制原理

盐水二次精制包括盐水中的阳离子被螯合树脂选择吸附进行交换和失去交换能力的螯合树脂进行再生处理两个部分。

2. 螯合树脂离子交换反应原理

螯合树脂是带有活性离子交换基因,并具有螯合结构的有机高分子聚合物,并带有固定的负电荷,这些固定的负电荷和带有正电荷的离子有相对亲和力。由于螯合树脂对盐水中的多价阳离子的吸附能力大于对一价离子的吸附能力,故含有 Ca^{2+}、Mg^{2+} 的盐水流经螯合树脂塔时,其中的 Ca^{2+}、Mg^{2+} 将取代树脂中的 Na^+,从而发生下列离子交换反应(以 CR-11 螯合树脂吸附 Ca^{2+}、Mg^{2+} 为例):

$$R{-}CH_2N \begin{array}{c} CH_2COONa \\ \\ CH_2COONa \end{array} +Ca^{2+}{\rightarrow}R{-}CH_2N \begin{array}{c} CH_2COO \\ \\ CH_2COO \end{array} Ca+2Na^+$$

$$R{-}CH_2N \begin{array}{c} CH_2COONa \\ \\ CH_2COONa \end{array} +Mg^{2+}{\rightarrow}R{-}CH_2N \begin{array}{c} CH_2COO \\ \\ CH_2COO \end{array} Mg+2Na^+$$

经过上述反应后,盐水中的 Ca^{2+}、Mg^{2+} 被吸附,Ca^{2+}、Mg^{2+} 总浓度低于 0.02 mg/L,达到了盐水精制的目的,从而满足离子膜法电解工艺对盐水质量的要求。

3.螯合树脂再生反应原理

螯合树脂处于 Na 型时才有离子交换能力,而经过交换反应后树脂变成了 Ca 型或 Mg 型,失去了交换能力,这时树脂必须经过再生反应,重新转化成 Na 型,恢复其交换能力。

螯合树脂再生时,首先用高纯盐酸把 Ca 型或 Mg 型树脂转换成 H 型,然后再用高纯碱进行苛化处理,使其重新转化成 Na 型,循环使用。

$$R{-}CH_2N \begin{array}{c} CH_2COO \\ \\ CH_2COO \end{array} Ca+2H^+{\rightarrow}R{-}CH_2N \begin{array}{c} CH_2COOH \\ \\ CH_2COOH \end{array} +Ca^{2+}$$

$$R{-}CH_2N \begin{array}{c} CH_2COOH \\ \\ CH_2COOH \end{array} +2Na^+{\rightarrow}R{-}CH_2N \begin{array}{c} CH_2COONa \\ \\ CH_2COONa \end{array} +2H^+$$

(二)影响盐水二次精制的因素

1.一次盐水质量

(1)盐水中 SS 含量:进入树脂塔的过滤盐水中 SS 含量高,会造成树脂塔内树脂表面 SS 的积累,树脂性能下降,甚至导致树脂塔压差上升,树脂结块,失去交换能力。

(2)盐水中游离氯含量:如果 Na_2SO_3 加入量不够,没有把一次盐水中的 ClO^- 除尽,或高纯盐酸中带入的游离氯含量过高,会氧化树脂,破坏螯合树脂的结构,使树脂交换能力下降。

(3)盐水的 pH 值:进入树脂塔的盐水的 pH 值应控制在 8.5 ~ 10.5,偏高可能使盐水中的 Ca^{2+}、Mg^{2+} 生成氢氧化物沉淀,不能被除去;pH 值偏低,可能使树脂由钠型转化成氢型,失去交换能力。

(4)盐水的温度:进入树脂塔的盐水温度应控制在 60 ± 5 ℃,温度过高会加速树脂老化,甚至使树脂结构遭受不可恢复的损坏;盐水温度过低会降低树脂的交换反应能力,可能导致离子交换不彻底,影响二次精制盐水质量。

2. 再生质量

再生质量对本工序的正常生产关系很大,因为失去交换能力的树脂不进行再生处理是无法重新使用的。影响再生质量的问题有:

(1)HCl 用量不够或浓度不够,会造成树脂由 Ca 型转化成 H 型不够彻底。

(2)NaOH 用量不够或浓度不够,就无法使树脂由 H 型全部转化成 Na 型,树脂的交换能力大为下降。

(3)返洗不彻底,如果返洗时纯水量不够,就不可能将破碎的树脂冲去,使树脂塔压差过大,树脂结块,影响通液量。

(三)树脂塔的基本操作

1. 树脂塔运行简述

由过滤盐水泵送出的过滤盐水经过升温后送入螯合树脂塔,进行离子交换,盐水中的 Ca^{2+}、Mg^{2+} 等被除去。从树脂塔出来的二次精制盐水经过树脂捕集器进入二次精制盐水罐,再由二次精制盐水泵送往电解工段。

螯合树脂塔共三台塔,正常生产时两台串联运行,一台再生备用,每 24 h 切换一次,切换方式俗称回转水马式。

即:　串联运行　　　　　　再生备用

A 塔→B 塔	C 塔再生
B 塔→C 塔	A 塔再生
C 塔→A 塔	B 塔再生

串联工作中的二塔,第一塔为工作塔,第二塔为安全塔,切换下来的树脂塔用酸、碱进行再生。

2. 螯合树脂塔(复极离子膜系统)三台串联基本操作

1)在线树脂塔的操作

(1)检查多价阳离子的清除。

每 8 h,由第一塔出口取一个盐水样进行 Ca^{2+} 的定性分析,要求定性分析没有 Ca^{2+} 被检出。

每 24 h,在塔开始切换前由第二塔出口取一个盐水样做定性分析,确认盐水中多价离子的含量在规定值以下。

Ca^{2+} ≤0. 02 mg/L

Fe^{2+} ≤0. 02 mg/L

Ni^{2+} ≤0. 02 mg/L

Al^{3+} ≤0. 02 mg/L

(2)检测 pH 值。

每 8 h,由第二塔出口取一个盐水样。检测 pH 是否正常。要求 pH = 8. 5 ~ 10. 5。

(3)检查盐水出口压力和压差。

①检查一次盐水泵出口的输送压力。

②每一小时检查运行塔压差。如果压差超过规定值(< 1. 7 kgf/cm^2),应根据情况进行手动倒塔。

③每 4 h,检查通过两塔之间的压差,要求两塔串联的压差小于 1. 7 kgf/cm^2 。

(4)检查管线。

①检查反洗管线上的(信号)报警阀已打开。

②当塔内增压时,如果塔内有空气积累,则打开排气阀。

2)离线树脂塔的再生

(1)再生步骤(见表2-2):

表2-2　树脂塔再生步骤

编号	名称	时间(h)	化学品(m^3)	流速(m^3/h)
1	水洗 I	1	纯水 27.13	27.13
2	反洗	0.5	纯水 14	28
3	HCl 再生	0.75	纯水 9.375 31% HCl 2.325	12.5 3.1
4	水洗 II	2	纯水 40.7	20.35
5	NaOH 再生	1.5	纯水 21.12 32% NaOH 2.28	14.08 1.52
6	水洗 III	1	纯水 20.35	20.35
7	盐水置换	3	24	8

注:总时间:9.75 h。各塔72 h内最少再生一次。

①水洗 I(1 h):纯水由塔顶进入,由底部出,将离线塔内剩余盐水置换到废液贮槽。

②反洗(0.5 h):纯水由塔底进入,对树脂进行反冲洗,使树脂颗粒得到疏松并洗去细小或破碎的树脂,反洗液由塔顶部出,经树脂捕集器后排入废液贮槽。

③盐酸再生(0.75 h):31% 高纯酸与纯水混合配成约7%的稀酸液,由塔顶进入,对树脂进行再生,二价金属离子被 H$^+$ 置换出来,树脂转化为氢型,再生液由塔底出,排放到废液贮槽。

④水洗 II:纯水由塔顶加入,使酸与树脂充分反应,并水洗置换多余的酸。洗液排放到废液贮槽。

⑤NaOH 再生(1.5 h):32% 碱与纯水混合配成约4%的稀碱液,由塔顶进入,对树脂进行再生,H$^+$ 被 Na$^+$ 置换出来,树脂转化为钠型,再生液由塔底出,排放到废液贮槽。

⑥水洗 III(1 h):纯水由塔顶加入,使碱与树脂充分反应,并水洗置换多余的碱。洗液排放到废液贮槽。

⑦等待 I(13.25 h)。

⑧盐水置换(3 h):用精制盐水,逆流置换塔内的碱性水,并由塔顶

出,经树脂捕集器后排入废液贮槽。

⑨等待Ⅱ(1 h)。

(2)再生过程的检查:

①检查再生过程是否按正常程序进行。

②检查化学品、纯水和盐水的流量是否正确。

③在水洗Ⅱ进行到40 min 和水洗Ⅲ进行到40 min 时,检查排出的废液的酸度和碱度。如果酸度或碱度低于设定值,将操作模式切换至手动,返回到盐酸再生或碱再生过程,重新进行盐酸再生或碱再生。

要求:$H^+ > 1.0M$;$OH^- > 0.5M$(在开车操作过程中,此数据需根据废液酸碱度进行确认)。

④再生完成后检查树脂层高度,如果树脂层高度低于设定值,应在下一次装置停车或下一次再生时加以补充。要求:树脂层高度大于120 cm。

⑤在盐水充填将要完成之前,检查再生塔排出口流出物的 Ca^{2+} 含量。如果检测出,需要进行再次再生:将操作模式切换至手动,返回到洗涤Ⅰ,选择自动或半自动,按开始按钮重新进行再生。

⑥再生结束后,测量废液罐中的废水 pH 值,当 pH 值在7～11,则启动废水泵将废水打到淡盐水罐中。

3)二次精制盐水质量指标

NaCl:	≥300 g/L
$Ca^{2+} + Mg^{2+}$:	≤20 μg/L(以 Ca^{2+} 计算);(ICP 法)
Sr^{2+}:	≤0.3 mg/L(以 Sr^{2+} 计算)
Ba^{2+}:	≤0.2 mg/L
Fe^{2+}:	≤0.1 mg/L(电解槽加酸时)
	≤1 mg/L(电解槽不加酸时)
Ni^{2+}:	≤0.01 mg/L
SO_4^{2-}:	≤5 g/L
pH:	pH = 8.5～10.5
温度:	(60 ±5) ℃

4)二次盐水生产异常现象及处理方法

二次盐水生产异常现象及处理方法见表2-3。

表 2-3　二次盐水生产异常现象及处理方法

异常现象	原因	处理方法
树脂塔精制效果差，Ca^{2+}、Mg^{2+}量高	(1)原液条件变动 (2)树脂性能劣化:①破损(由于再生剂 NaOH、HCl 浓度高或混入氧化性原液);②氧化(由次氯酸等引起及由于重金属、有机物的污染，使得树脂颜色呈淡黄色);③树脂层凹凸、泥球化 (3)再生不良:①再生剂量不足;②再生剂浓度及添加浓度低;③反洗不良(偏流);④再生排出量不足	(1)检查原液温度、pH、盐酸温度、Ca、Mg、Sr 重金属含量判断是否有变化 (2)检查树脂层外观，如果有异常，则调换树脂，或采取其他相应措施;检查确认处理液中有无混入未经处理的原液;与标准树脂层高作比较，要注意树脂有无膨胀、收缩状态。如果是绝对量不足,则增加树脂 (3)检查确认再生剂量、浓度及添加浓度,反洗状态是否良好、排出流量是否按规定流量进行。经上述检验,可查明原因。再按照再生时间进行再生,如精制效果仍差,应考虑综合性对策
通液量变小	(1)反洗不良树脂层不展开或展开不均(由于反洗水量不足或滤布孔堵塞) (2)再生不良 (3)树脂性能劣化 (4)树脂量不足 (5)原液条件变化 (6)混入未处理原液:一般此情况出现原因以(1)、(2)为多,其次是(3)、(4)	(1)用以前反洗状态观察树脂层的展开情况调整反洗流量 (2)检查确认再生剂量、浓度及添加浓度,反洗状态是否良好、排出流量是否按规定流量进行。经上述检验,可查明原因。再按照再生时间进行再生,如精制效果仍差,应考虑综合性对策 (3)检查树脂层外观，如果有异常，则调换树脂，或采取其他相应措施 (4)与标准树脂层高作比较，要注意树脂有无膨胀、收缩状态。如果是绝对量不足,则增加树脂 (5)用以前反洗状态观察树脂层的展开情况调整反洗流量 (6)检查确认处理液中有无混入未经处理的原液

续表2-3

异常现象	原因	处理方法
通液量变动	(1)原液条件的变化 (2)再生不良(反洗不良及再生剂添加浓度不良情况多些,此外还可能盐酸量升高) 以上原因(1)可能性大	(1)检查原液温度、pH、盐酸温度,Ca、Mg、Sr重金属含量判断是否有变化 (2)检查确认再生剂量、浓度及添加浓度,反洗状态是否良好,排出流量是否按规定流量进行。经上述检验,可查明原因。再按照再生时间进行再生,如精制效果仍差,应考虑综合性对策
通液初期pH高 NaOH量多	NaOH量多	(1)分析NaOH浓度,如不符合规定,进行调整 (2)用流量计确认流量是否正常
通液初期pH低	(1)NaOH量少 (2)HCl排出量不足	用流量计确认流量
树脂量不足	(1)树脂泄漏(由于滤网破损)或紧固不良、垫片不良 (2)在再生时树脂流入废液坑	打开通液管线的取样阀、排泄阀,目视确认是否精盐水过滤器上树脂堵塞、流量停止、螯合树脂塔压力上升。待装置停车进行更换修补
再生流量小	(1)流量计故障 (2)管道或树脂过滤器阻力大	(1)到现场检查,停止再生,通知仪表 (2)到现场检查,停止再生,清洗过滤器

3.螯合树脂塔(单极离子膜系统)三台串联基本操作

1)在线树脂塔的操作

(1)利用盐水流量阀调整成与产量成比例的流量后,再微调整,使二次精制盐水贮罐液面保持一致。

(2)盐水温度要控制在 50~65 ℃,在不能维持温度的情况下,要在盐水一次精制工序中升温。

(3)入口盐水 pH 值要控制在 9 ±0.5。

(4)24 h 定时分析一次精制盐水中 $Ca^{2+} + Mg^{2+}$ 浓度,使其在 3 mg/L 以下。若 $Ca^{2+} + Mg^{2+}$ 浓度大于 3 mg/L 还应增加第一塔出口的 $Ca^{2+} + Mg^{2+}$ 分析次数。

(5)24 h 定时分析一次精制盐水中 Sr^{2+} 浓度,使其在 2.5 mg/L 以下。若 Sr^{2+} 浓度大于 2.5 mg/L 还应增加第二塔出口 Sr^{2+} 的分析次数。

(6)8 h 定时分析过滤盐水中的 SS 含量,控制在 1 mg/L 以下。

(7)在一次精制盐水中不应存在游离氯,因为游离氯的存在会导致树脂急剧劣化,降低交换能力,所以必须严格控制。

(8)每日一次以上分析第一塔出口盐水中的 $Ca^{2+} + Mg^{2+}$ 浓度,确认浓度在 0.02 mg/L 以下,$Ca^{2+} + Mg^{2+}$ 超过 0.02 mg/L 时,即使在通液时间内也要进行第一塔的再生。

(9)每日一次以上定期分析第二塔出口盐水中的 $Ca^{2+} + Mg^{2+}$,确认浓度在 0.02 mg/L 以下。

(10)每日一次以上定期分析第二塔出口的 Sr^{2+} 浓度,确认浓度在 0.3 mg/L 以下。

(11)定期地分析其他盐水指标和盐酸、纯水指标,确认没有问题。

(12)定期地测定树脂塔压差,确认处于正常状态,在压差上升而不能确保必要的盐水流量的情况下,即使在通液时间内,也要进入第一塔的再生。

(13)在再生时的反洗(2)工序中,确认树脂的扩展高度处于上部观察镜的中央部分,在高度不符合标准时应调节反洗水量(特别是当纯水温度变化时会出现此情况)。

(14)确认树脂塔出口的 pH 值为 9 ±0.5,入口盐水 pH 值为 9 ±0.5,而且再生正常进行时,出口盐水 pH 值应为 9 ±0.5,但是在再生结束后不久由于塔内残留着少量苛性钠,因此 pH 值会暂时上升,这是没有问题的。

(15)再生时的流量设定和流量标准值表示在时间顺序表中,它们在试运转时利用各自的转子流量计设定阀的开度,以后根据需要进行微调。

2)离线树脂塔的再生步骤(见表2-4)及其目的

表2-4　树脂塔再生步骤

步骤	名称	时间(min)	流体	流速(m³/h)
1	工作切换	1	—	—
2	排液	15	AP	60N
3	反洗Ⅰ	14	WD	10.0
4	鼓泡Ⅰ	3	AP	60N
5	沉降Ⅰ	10	—	—
6	水洗	100	WD	3.2
7	反洗Ⅱ	42	WD	10.0
8	沉降Ⅱ	10	—	—
9	供酸	103	4% HCl	3.6
10	排酸	68	WD	3.2
11	排水	15	AP	60N
12	供碱	50	5% NaOH	4.3
13	供水	16	WD	3.8
14	鼓泡Ⅱ	10	AP	60N
15	沉降Ⅲ	10	—	—
16	排碱	90	BRP	4.0
17	反洗Ⅲ	3	WD	10.0
18	鼓泡Ⅲ	3	AP	60N
19	沉降Ⅳ	10	—	—
20	等待	—	—	—
21	工作切换	1		4.0
22	注液Ⅰ	30	BRP	—

注:总时间为10 h 4 min,各塔72 h内最少再生一次。AP-压缩空气,WD-纯水,BRP-精盐水。

（1）工作切换。

（2）排液。为了防止在反洗工序中树脂的流出，利用加压空气排出塔内残留的过滤盐水。

（3）第一次反洗。为了使树脂层疏松，将积累在上层的悬浊物质或破碎树脂洗掉，使纯水从塔的下部向上部流动。在排液工序中虽然排出了塔内的盐水，但仍有若干盐残留，为此特别是初始液体比重高时，由于树脂有流出的可能性，所以从塔的中央部分带有滤网的排出口排出。

（4）鼓泡1。为使树脂层疏松，将树脂溶化在水中，从塔的下部通入加压空气以使鼓泡。

（5）沉降1。使在鼓泡工序漂浮的树脂沉降静置。

（6）水洗。盐分残留在溶于水而稳定的树脂层中，为了把它完全除去，使纯水从塔的中部向下流动。

（7）第二次反洗。是为了实现反洗原有目的的工序，从塔的下部供入纯水使 SS 或破碎树脂从塔上部排出。

（8）沉降2。使第二次反洗中漂浮的树脂沉降静置。

（9）供 HCl。在正常操作中，为了从失去清除能力的树脂上将吸附物（硬度成分）解吸，使用盐酸作为解吸剂，使在盐酸计量槽中计量好的31%盐酸和纯水在喷射器中混合并稀释成大约4%的浓度，从塔的中央部位注入而从塔下部排出。

（10）排 HCl。注入盐酸结束后，在树脂层中残留着未反应的盐酸，为了充分地把它排出，仅将连续供给注入工序的纯水从离子交换塔中央部位注入而从塔下部排出，在此工序结束时，树脂成为最收缩状态。

（11）排水。为了有效地进行下一工序注入 NaOH，将塔内残存的含有微量 HCl 的水利用加压空气排出。

（12）供入 NaOH。为了再一次活化，利用注入 HCl 变成 H 型的螯合树脂，使用 NaOH 使其变成 Na 型。使用 NaOH 计量槽计量好的32%NaOH 和纯水在喷射器中混合稀释成大约5%，从塔下部注入而从塔中央带有滤网的排出口排出。在此工序中，由于离子交换树脂要膨胀,所以 NaOH 从下部注入。

(13)供水。在塔的下部的端面部分残留着与树脂接触不到的 NaOH,为了把它充分地排出,有效使用 NaOH,将连续供给的纯水从塔下部注入而从塔中央排出。

(14)鼓泡 2。在注入苛性钠后,由于在塔下部残留着未反应的 NaOH,为了使它充分反应,还为了使苛性钠与树脂充分接触,从塔下部供入加压空气使其冒泡而混合。

(15)沉降 3。使由于鼓泡工序而漂浮的树脂沉降静置。

(16)排出 NaOH。为了将残留在塔内的 NaOH 排出塔外,从塔中央部位注入精制盐水,此时,交换树脂进行收缩。

(17)第三次反洗。排出 NaOH 结束后,从塔下部注入纯水,以防止备用时盐的结晶析出,注入纯水后塔内部的盐水浓度约为17%。

(18)鼓泡 3。为了使第三次反洗中注入的纯水和盐水混合,并为了不扰乱树脂表面的水平,从塔下部供入加压空气进行混合。

(19)沉降 4。使由于鼓泡工序而漂浮的树脂沉降静置。

(20)等待。

(21)工作切换。

(22)注液 1。为了在启用前用盐水将交换树脂内的空洞部分充满,从塔上部注入由单独运转精制的盐水。当备用塔注满液时,经步骤切换,转换工作方式,原先工作的第一个塔退出,进行再生,另外两塔串联运行。

3)再生中应注意的问题

(1)再生过程中各工序的切换条件是:第一,条件满足;第二,时间完成,才会往下进行。若出现工艺报警,要首先解决条件问题,如不解决条件,用手动操作是比较危险的。

(2)各工序除时间满足外,还有条件满足。排液时液面需低于液位计;反洗及排碱时液面必须高于液位计,才会往下进行;注液时,必须高于顶部液位计,即液位达到 HH 以上;供碱时,其液面也须高于液位计。

(3)反洗时,流量不要过大,以防把树脂带走进入废水坑,在最上部视镜不能看到树脂。

(4)确定酸碱计量槽的位置,如 HCl 用量不够或浓度不够时,会造成树脂由 Ca 型转化成 H 型不够彻底;而 NaOH 用量不够或浓度不够,就无法使树脂由 H 型全部转化成 Na 型,树脂交换的能力大为下降。

(5)HCl、NaOH 计量超高报警时,要首先到现场确定其实际位置,若实际位置并不超高,则引起此报警的原因有:①液位计坏了;②手动阀门一直开着。

(6)当树脂塔刚切换过来时,二次盐水的 pH 值会突然升高,因为再生后的塔内残留着微量的 NaOH。

4)二次精制盐水质量指标

NaCl:	≥300 g/L
$Ca^{2+} + Mg^{2+}$:	≤20 μg/L(以 Ca^{2+} 计算)(ICP 法)
Sr^{2+}:	≤0.3 mg/L(以 Sr^{2+} 计算)
Ba^{2+}:	≤0.2 mg/L
Fe^{2+}:	≤1 mg/L
Ni^{2+}:	≤0.01 mg/L
SO_4^{2-}:	≤5 g/L
pH:	pH = 8.5 ~ 10.5
温度:	60 ± 5 ℃

5)生产异常情况及处理办法

生产异常情况及处理办法见表2-5。

二、精制盐水的电解

(一)复极离子膜电解系统

1. 复极离子膜电解工艺流程

二次精制盐水以一定的流量送往电解槽的阳极室进行电解。与此同时,纯水加入入槽碱总管,稀释后的碱液进入阴极室。通入直流电

表2-5　生产异常情况及处理办法

异常现象	原因	处理方法
树脂塔精制效果差，Ca²⁺、Mg²⁺高	(1)原液条件变动	(1)检查原液温度、pH、盐酸温度,Ca、Mg、Sr重金属含量判断是否有变化
	(2)树脂性能劣化:①破损(由于再生剂 NaOH、HCl 浓度高或混入氧化性原液);②氧化(由次氯酸等引起及由于重金属、有机物的污染,使得树脂颜色呈淡黄色);③树脂层凹凸、泥球化	(2)检查树脂层外观,如果是有异常,则调换树脂或其他相应措施;与标准树脂层高作比较,要注意树脂有无膨胀、收缩状态。如果是绝对量不足,则增加树脂
	(3)再生不良:①再生剂量不足;②再生剂浓度及添加浓度低;③反洗不良(偏流);④再生排出量不足	(3)检查确认再生剂量、浓度及添加浓度,反洗状态是否良好,排出流量是否按规定流量进行。经上述检验,可查明原因。再按照再生时间进行再生,如精制效果仍差,应考虑综合性对策
通液初期pH高	(1)NaOH 量多	(1)分析 NaOH 浓度,如不符合规定,进行调整
	(2)NaOH 排出量不足	(2)用流量计确认流量
树脂量不足	(1)树脂泄漏(由于滤网破损)或紧固不良、垫片不良 (2)在再生时树脂流入废液坑	打开树脂捕集器的排泄阀,目视确认是否堵塞、流量停止、螯合树脂塔压力上升。待装置停车进行更换修补
再生流量小	(1)流量计故障	(1)到现场检查,停止再生,通知仪表
	(2)管道或树脂过滤器阻力大	(2)到现场检查,停止再生,清洗过滤器

后,在阳极室产生的氯气和流出的淡盐水经分离器分离后,湿氯气送入淡盐水循环槽顶部,湿氯气中的水分被分离,氯气进入氯气总管送到氯氢处理工序;从阳极室流出的淡盐水中一般含 NaCl 200 ~ 220 g/L,还有少量氯酸盐、次氯酸盐及溶解氯。一小部分返回电解槽的阳极室,另一部分进入淡盐水循环槽,进入脱氯塔经脱氯后送到界区外。

在电解槽阴极室产生的氢气和浓度为 32% 左右的高纯液碱,同样也经过分离器分离后,湿氢气送入碱液循环槽顶部,湿氢气中的水分被分离,氢气进入氢气总管送至氯氢处理工序。32% 的高纯液碱一部分作为商品碱出售,或送到蒸发工序浓缩。另一部分则加入纯水后回流到电槽的阴极室。

2. 复极离子膜电解槽开车操作

1) 开车前的准备工作

(1) 开车前将盐水系统和碱系统循环正常。

(2) 阴极系统和 H_2 管线空气的 N_2 置换合格。

2) 充电解液

在电解槽开车前必须先充满电解液(碱液和盐水)。电解液必须完全充到电解槽的顶部以排除阴阳极室中的空气。

3) 气体总管的连接,电解液循环和升温

电解槽充液完毕后,将电解槽气阀和电解液出口阀连接到主管线,开始电解液循环,然后给电解槽升温。

4) 复极离子膜电解槽开车过程

(1) 当电解槽温度升到规定值后,将公用连锁投入,单槽连锁除电位差连锁和精盐水阀外,其余投入。

(2) 提升电流 0.5 kA/步。每次升电流 0.5 kA 后,检查每个槽是否有泄漏或流动异常等情况,电流升至 2.7 kA 时断开极化整流器,并快速升电流至 3 kA。

(3) 慢慢提升电流到 5 kA,将盐水自控阀(FICZA - 231)转入串级模式。将精盐水阀连锁投入。

(4) 电流升到 4.1 kA 时,检查下列各项:

① 检查阴阳极出口软管中电解液流动状态;

②查看阳极出口软管中的阳极液颜色是否异常；

③检查电解槽是否有电解液泄漏点；

④检测单元槽电压；

⑤分析 Cl_2 中含 H_2，Cl_2 纯度，H_2 纯度。

(5)通过淡盐水供应阀给精盐水管道供应淡盐水，按照总的操作负载调节流量〔=1/7×盐水供应总流量〕将控制模式转为串级。

(6)通过手动阀逐步缓慢停止给碱液循环槽的 N_2 供应，电流升至 5 kA 时完全关闭充 N_2 阀。

(7)当槽温稳定两小时以后，锁定电解槽，油压降至 70 kgf/cm^2。将各槽电位差连锁投入。

3.复极离子膜电解槽停车操作

1)计划停车

(1)确定油压系统压力稳定在 70 kgf/cm^2，电解槽已锁定，主控解除连锁。

(2)降电流前关闭入槽盐酸阀，纯水、盐水的加入量随电流的降低自动调整。

(3)电流降到 2.7 kA 时极化整流器自动投入。

(4)电流降到 0 kA 时，停止向阴极供纯水，此时保持阴极流量不变，阳极流量调至 13 m^3/h 循环至少 30 min。

(5)打开排空总管氮气阀门，向排空管充 N_2，N_2 流量 30 Nm^3/h。

(6)关闭阴、阳极液进口阀，关闭阴、阳极液出口阀。

(7)关闭 Cl_2，H_2 出口总阀，在关阀门时注意保持阴、阳极压差 5 kPa±3。

(8)打开氢气排空阀，氯气去事故氯阀门，开阀门时注意压力稳定，保持一定压差。

(9)开阴、阳极尾阀，阴极打开进槽充 N_2 阀，保持流量 8 Nm^3/h。

(10)通知主控室联系解除极化整流器，开始排液，排液时先排阳极，再排阴极，保持阴、阳极液位差，确保离子膜始终贴在阳极面上，阳极液排入阳极液排放槽，阴极液排至阴极液排放槽，直至排液完毕。

(11)关闭阴、阳极排液阀、尾阀、充 N_2 阀。

（12）用纯水洗槽，先开阴极纯水阀，5 min 后再开阳极纯水阀，流量均为 25 m³/h，待各单元槽溢流后流量降至 10 m³/h，观察阴阳极液，当阴极出口管液位到中部，阳极液位到出口管底部时，停止加纯水。

（13）排水：打开阴极尾部 N_2 阀，流量 8 Nm³/h，先排阳极，再排阴极，保持一定液位压差，直至排完，并水洗两遍。

（14）用扭矩扳手或塑料扳手重新拧紧电解槽上的所有出口和入口软管螺母。

（15）长时间停车，要定期用纯水将膜湿润。

备注：

①为了防止氯气和电解液的泄露对软管螺母的腐蚀，当电解槽已经停止时，应该对所有软管螺母周期性地重新拧紧。

②如果电解槽停车超过 4 h，电解槽中的电解液应尽快排净。

③当电解槽为了维护需要被拆卸下来的时候，排液后应该立即洗槽两次。

④为了防止膜干燥，应该每隔一星期都进行膜的湿润。

2）紧急停车

从主控室仪表盘的指示器中确认第一原因，解除相应连锁进行复位操作。

（1）所有的电解槽停车。

①如果精盐水泵和碱液循环泵正在运行：

a. 通过调整气体压差保持槽内的压差在 4 kPa。

b. 确定槽的锁定螺母位置。

如果挤压机油压缸还没有被锁定，锁定它并且保持油压 70 kgf/cm²。

c. 根据计划停车工序处理电解槽。

然后按要求投入极化整流器。

②如果精盐水泵和碱液循环泵停止：

a. 通过调整气体压差保持槽内的压差 4 kPa。

b. 确定电解槽的锁定螺母的位置。

如果挤压机油压缸还没有被锁定，锁定它并且保持油压在 70 kgf/cm²。

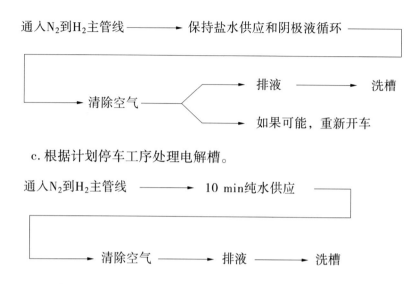

c. 根据计划停车工序处理电解槽。

（2）单槽停车。

①确保电槽 H_2 和 Cl_2 压差 4 kPa。

②把电槽从系统中切出来，打开 Cl_2 去除害阀，H_2 去排空阀，关闭正常出气阀门。

③确定油压系统正常油压 70 kgf/cm^2。

4. 复极离子膜电解工艺指标

电槽入口阳极液工艺指标:入口阳极液酸度 <0. 15 mol/L

电槽出口阳极液工艺指标:NaCl 浓度 210 ± 10 g/L;淡盐水 pH 2 ~ 5

　　　　　　　　　　　　　　出口阳极液酸度 0. 000 5 ~ 0. 001

电槽出口阴极液工艺指标:出槽温度 85 ~ 90 ℃;碱中含盐 ≤ 0. 01%

　　　　　　　　　　　　成品碱浓度 32% ~ 32. 5%

氯、氢气总管工艺指标:　　氯气纯度 ≥98% ;氯中含氢 ≤0. 4%

　　　　　　　　　　　　氢气纯度 ≥99%

5. 复极离子膜电解系统生产不正常情况及处理办法

复极离子膜电解系统生产不正常情况及处理办法见表2-6。

表2-6　复极离子膜电解系统生产不正常情况及处理办法

序号	不正常情况	原因	处理方法
1	出槽淡盐水 pH 值低于 2.0	盐酸进入量太大	(1)检查入槽酸流量,如果有流量太高的,减小它 (2)从淡盐水循环泵出口取样,分析淡盐水中酸度 (3)检查入槽酸流量是否有失灵的
2	出槽淡盐水 pH 值高于 4.0	(1)盐酸加入量不足 (2)膜漏	(1)检查入槽酸流量,如果有流量太低的,增加流量。从淡盐水循环泵出口取样分析淡盐水中酸度,检查入槽酸自控阀是否有失灵的 (2)淡盐水 pH 值显示值频繁变化,出口软管着色,单元槽电压异常低,停电解槽,做膜试漏并更换漏膜,检查阴、阳极是否损坏
3	电槽压差波动	(1)氯气总管压力波动、氢气总管压力波动 (2)电解液流量波动	(1)检查仪表,校正设定值和指示器间偏差 (2)检查流量计是否有堵,单元槽出口软管流动情况是否有堵塞,检查淡盐水泵或碱泵的气蚀
4	电位差读数波动	(1)电流短路 (2)压差不足 (3)接线不好或烧坏保险丝 (4)在某一单元槽或更多单元槽中电压异常	(1)检查电槽是否有由于杂物影响发生短路或其他短路现象,并清除之 (2)检查电槽压差,如压差低,则增加阴极液流量或调节气体压力控制器,使之保持压差 (3)停电解槽,拧紧接线螺钉或更换保险丝 (4)检查出口软管,如有变色,则停车换膜。检查出口软管中气体、液体流动状态,如有堵塞现象停车处理

续表 2-6

序号	不正常情况	原因	处理方法
5	单元槽电压高于平均值 0.3 V	(1)排气管堵塞 (2)膜损坏 (3)电极损坏	(1)停车清理,如电位差波动,按上述4处理 (2)如果淡盐水 pH 值经常波动,出口软管着色,停车换膜 (3)停车换单元槽
6	电槽电压过低	(1)膜漏 (2)螺栓上生锈	(1)如果淡盐水 pH 值经常波动或出口软管着色,则停至电槽。做膜漏试验,更换漏膜。检查单元槽阴、阳极,若有损坏换单元槽 (2)检查螺栓表面,如生锈测量活动软管螺母上的电压
7	槽压急剧上升	(1)电解液温度降到 85 ℃ 以下或更低 (2)阳极液中浓度增加 (3)整流器故障造成过电流 (4)阴极液浓度增加 (5)膜被金属沉淀物污染	(1)检查电槽进口温度,如果进口温度太低,调节之。增加电解液压力到指定值,电解液温度恢复到 85 ℃,2 h 后,重新锁定电槽 (2)检查阳极液出口 NaCl 浓度,调节入槽盐水流量 (3)检查直流安培表,与电器联系,停电解槽 (4)分析碱液浓度,调整纯水流量,使 NaOH 浓度控制在 32% ~32.5% (5)分析阳极液有关 Ca^{2+}、Mg^{2+} 等的含量情况。日常操作中注意不让不合格的二次盐水进入电槽系统
8	软管泄漏	(1)螺母松动 (2)垫片老化 (3)软管开裂或出现针孔	(1)紧固螺母 (2)更换垫片 (3)更换进出口软管

续表 2-6

序号	不正常情况	原因	处理方法
9	电槽垫片泄漏	(1)液压力不足 (2)垫片粘贴不好或位置不合适	(1)检查电槽液压力,如果压力低,增加到指定值。校对阀板压力表 (2)停电解槽,排电解液,洗电槽,调换或调整垫片,如槽框有损坏,则修复或更换

(二)单极离子膜电解系统

1. 单极离子膜电解工艺流程

经过二次精制的饱和盐水,经过盐水预热器预热到一定温度,控制压力以一定的流量经转子流量计计量后进入电槽的阴极液循环管,和阳极分离器下来的阳极液混合后,从电槽下部均匀地进入阳极室内进行电解反应,Cl^- 在阳极上放电生成 Cl_2,Na^+ 透过离子交换膜移向阴极室。由于阳极产生氯气的气升作用,使 Cl_2 和阳极液一起通过室框上部出口进入阳极分离器,在分离器内 Cl_2 和阳极液分离后进入 Cl_2 总管,大部分阳极液通过循环管返回阳极室,而多余的一部分则由溢流管流出电槽进入淡盐水总管,汇集至淡盐水贮罐,再由淡盐水泵送出,少部分淡盐水被送往氯酸盐分解槽,加入盐酸分解其中的氯酸盐后再回到淡盐水贮罐中,而大部分淡盐水则被送往脱氯塔脱氯。与此同时,纯水控制压力以一定的流量经转子流量计计量后进入电槽的阴极液循环管,和电槽阴极分离器下来的阴极液混合后从电槽下部进入阴极室框内进行电解,H_2O 在阴极上放电生成 H_2 和 OH^-,OH^- 和阳极迁移过来的 Na^+ 结合生成 $NaOH$。由于生成 H_2 的气升作用,氢气与碱液一起经室框上部出口进入阴极分离器,在分离器中,H_2 与碱液分离后进入 H_2 总管,大部分碱液通过循环重新返回电槽阴极室,而余量的一部分则通过溢流管流出电槽成为浓度为 32% 的成品烧碱,进入碱总管,汇集至烧碱贮罐,经换热器冷却至 40 ℃ 以下送往成品罐区。

2. 单极离子膜电解槽开车操作

1）开车前的准备

（1）解除连锁。

（2）树脂塔正常运行。

（3）二次精制盐水质量合格。

（4）入槽盐水温度（60±5）℃。

（5）各电槽槽温 60~70 ℃。

（6）阳极液浓度在 260~280 g/L。

（7）阴极液浓度调整在 25%~28%。

（8）脱氯塔运行正常。

（9）废氯处理工序运行正常。

（10）Cl_2 总管尾部空气吸入阀打开，阳极分离器尾部排气阀关闭。

（11）H_2 主管已用 N_2 置换合格，盐水系统、碱系统循环正常。

（12）氯气水封、氢气水封充水至溢流，电解 H_2 和 Cl_2 密封罐已充水至溢流。

（13）氯酸盐分解槽 pH 值调整在 4~5。

2）单极离子膜电解槽开车过程

（1）开车前 10 min，停止淡碱、淡盐水循环。

（2）启动一台氯气泵。

（3）用 N_2 逐个置换每台电槽的阴极分离器，并确认各电槽阴、阳极循环蝶阀全开。

（4）升电流的过程中，调整单槽流量（升电流前先升精盐水，边升电流边升纯水，最后升 HCl 流量）。

（5）电流 7 kA，确认各槽电压高于 6.75 V，Cl_2、H_2 压力正常。

（6）电流 14 kA，将 Cl_2 总管末端空气吸入阀关 1/2，分析 H_2/Cl_2，若 $H_2/Cl_2 \leq 0.4\%$ 时，则完全关闭空气吸入阀。

（7）电流升至 20 kA，停止充 N_2，启动一台 H_2 泵。

（8）电流由 27 kA→30 kA→33 kA→预定值，每一过程，要控制好 Cl_2、H_2 压力，并确认槽压、槽温（具体对应关系见表2-7）。

表 2-7

项目	7 kA	14 kA	20 kA	27 kA	33 kA	35 kA
精盐水(m³/h)	0.7	0.76	0.76	1.03	1.26	1.42
纯水(L/h)	0	60	100	140	160	160

(9)正常后,氯气放空阀设定为自动压力设定为 0.15 kPa;氢气放空阀设定为自动压力设定为 3.0 kPa。

(10)电流升到预定值后,测全槽比重作进一步调整。

(11)全部或部分新膜为杜邦膜时,开车后 48 h 内单槽 NaOH 量控制在 28% ~ 29%。

(12)挂连锁:输入除 Cl_2 总管压力低,H_2 总管压力高,仪表气源压力低处于 ON 外,其余全部处于 OFF。

3.单极离子膜电解槽停车操作

1)计划停车

(1)解除连锁。

(2)降电流过程中维持 Cl_2、H_2 压力不波动。

(3)电流由预定值→20 kA,每步调节精盐水、纯水及 HCl 流量(先降 HCl 流量,边降电流边降精盐水,最后降纯水流量)。

(4)电流降至 20 kA 时,停 H_2 泵,开始往 H_2 总管内充 N_2。

(5)电流降至 0 kA 时,引风机开启后,开 Cl_2 总管末端空气吸入阀。

(6)停止氯酸盐分解槽加 HCl,关上槽精盐水预热蒸汽阀。

(7)关闭阴、阳极循环蝶阀,打开各槽阴、阳极分离器尾气阀。

(8)调整每台电槽入槽精盐水流量为 1.5 m³/h,以便置换淡盐水中的 ClO^-,至分析淡盐水贮罐内无 ClO^- 时,转为淡盐水循环,在淡盐水贮罐内加纯水,进行淡盐水循环。

(9)在碱接受槽泵出口加纯水,配制淡碱,进行淡碱循环。

(10)停树脂塔,停过滤器。

(11)停 Cl_2 泵。

2)紧急停车

(1)整流柜停:

①记录第一停车原因。

②确认上槽盐水事故阀是打开的,将上槽纯水、上槽 HCl 自动阀关闭。

③停止氯酸盐分解槽加 HCl,关上槽精盐水预热蒸汽阀。

④解除连锁。

⑤启动 Cl_2 泵,确认 Cl_2 总管末端 U 形压力计为负压的情况下,缓慢打开 Cl_2 总管末端空气吸入阀,置换 Cl_2 总管。

完成上述过程后,若停车原因在 10 min 内恢复,可重新开车,若不能,则执行下面的步骤。

⑥关闭每台电槽的阴、阳极循环蝶阀,关闭进单槽的 WD、HCl 手动阀。

⑦送 N_2,置换 H_2 总管,当 H_2 量 <2% 时,停止置换。

⑧打开各电槽阴、阳极分离器尾阀,用 N_2 和空气分别进行置换。

⑨调整每台电槽入槽精盐水流量为 1.5 m^3/h,以便置换淡盐水中的 ClO^-,至分析淡盐水贮罐内无 ClO^- 时,转为淡盐水循环,在淡盐水贮罐内加纯水,进行淡盐水循环。

⑩在碱接收槽泵出口加纯水,配淡碱,进行淡碱循环,此时应连续往碱接收槽内通 N_2。

⑪停 Cl_2 泵。

(2)动力电停:

①备用电源不能启动时:

记录第一停车原因,将上槽纯水、上槽 HCl 自动阀关闭,确认上槽盐水事故阀是打开的,停止氯酸盐分解槽加 HCl,关上槽精盐水预热蒸汽阀,电解关闭阴、阳极循环蝶阀,关闭进单槽的纯水、HCl 手动阀。动力电恢复后,解除连锁,启动 Cl_2 泵,打开 Cl_2 总管末端空气吸入阀,通知送 N_2,置换 H_2 总管,通知启动纯水泵,启动引风机、事故塔碱循环泵、脱氯塔、淡盐水泵、碱泵,配淡碱进行淡碱循环,配淡盐水进行淡盐水循环。

②备用电源启动而主电源不能启动:

关上槽精盐水预热蒸汽阀,启动 Cl_2 泵,置换 Cl_2 总管及阳极分离器,关阴、阳极循环蝶阀,送 N_2 置换 H_2 总管及阴极分离器,配淡碱、淡盐水,进行淡碱、淡盐水循环。动力电恢复正常后,切换电源,切换正常后,启动引风机、事故塔碱循环泵、脱氯塔、淡盐水泵、碱泵、亚硫酸钠泵,待一次精盐水贮罐至一定液位时,启动一次精盐水泵,将树脂塔进液阀手动开至20%~30%,启动树脂塔。

4. 单极离子膜电解工艺指标

电槽入口阳极液工艺指标:$NaOH \geqslant 300$ g/L;pH 值8.5~9.5

$Ca^{2+} + Mg^{2+} \leqslant 0.02$ mg/L;$SO_4^{2-} \leqslant 5$ g/L

$ClO_3^- \leqslant 15$ g/L;温度:50~70 ℃

$Fe^{2+} \leqslant 1.0$ mg/L;$Ni \leqslant 0.01$ mg/L

$Sr^{2+} \leqslant 0.3$ mg/L;$Ba^{2+} \leqslant 0.2$ mg/L

电槽入口阴极工艺指标: 纯水电导率 <10 μs/cm

电槽出口阳极液工艺指标:NaCl 浓度(210±10) g/L;淡盐水 pH:2~5

电槽出口阴极液工艺指标:出槽温度 85~90 ℃;碱中含盐 ≤0.01%

成品碱浓度32%~32.5%

氯、氢气总管工艺指标: 氯气纯度 ≥98%氯中含氢 ≤0.4%

氢气纯度 ≥99%

5. 单极离子膜电解系统生产不正常情况及处理办法

单极离子膜电解系统生产不正常情况及处理办法见表2-8。

表2-8 单极离子膜电解系统生产不正常情况及处理办法

序号	不正常情况	原因	处理方法
1	出槽淡盐水 pH 值低于2.0	盐酸进入量太大	(1)检查入槽酸流量,如果有流量太高的,减小它 (2)从淡盐水取样口取样,分析淡盐水中酸度 (3)检查入槽酸流压力

续表2-8

序号	不正常情况	原因	处理方法
2	出槽淡盐水 pH 值高于 5.0	（1）盐酸加入量不足 （2）膜漏	（1）检查入槽酸流量,如果有流量太低的,增加流量 （2）淡盐水出口软管着色,单元槽电压异常低,停电解槽,做膜试漏并更换漏膜,检查阴、阳极是否损坏
3	电槽电压过低	膜漏	如果淡盐水 pH 值经常波动或出口软管着色,则停至电槽。做膜漏试验,更换漏膜。检查单元槽阴、阳极,若有损坏换单元槽
4	槽压急剧上升	（1）电解液温度降到 85 ℃以下或更低 （2）阳极液中浓度增加 （3）阴极液浓度增加 （4）膜被金属沉淀物污染	（1）检查电槽进口温度,如果进口温度太低,调节之 （2）检查阳极液出口 NaCl 浓度,调节入槽盐水流量 （3）分析碱液浓度,调整纯水流量,使 NaOH 浓度控制在32% ~32.5% （4）分析阳极液有关 Ca^{2+}、Mg^{2+} 等的含量情况。日常操作中注意不让不合格的精制盐水进入电槽系统
5	软管的泄漏	（1）螺母松动 （2）垫片老化 （3）软管开裂或出现针孔	（1）停电解槽 （2）排放电解液 （3）更换损坏部分或更换并正确安装进出口软管
6	电槽垫片泄漏	（1）垫片粘贴不好 （2）垫片粘贴的位置不合适	停电解槽,排电解液,洗电槽,调换或调整垫片,如槽框有损坏,则修复或更换

三、淡盐水的脱氯

淡盐水脱氯一般采用真空脱氯和化学脱氯相结合的工艺。由淡盐水循环泵来的淡盐水中先加入适量的 31 t%（质量百分比）盐酸，混合均匀，将 pH 值调控到约 1.5，然后送往脱氯塔的顶部，淡盐水进入脱氯塔内急剧沸腾，分离出的氯气含有水蒸气，水蒸气携带氯气进入氯气冷却器，冷凝后的氯气由脱氯真空泵抽走送往氯气总管作为成品氯收集。经这样处理后的淡盐水中，游离氯的含量约 50 mg/L。加氢氧化钠把脱氯后盐水的 pH 值调整到 9 ~ 11。然后，再用 10%（质量百分比）Na_2SO_3 溶液进一步除去残余的游离氯后，送往一次盐水工序重新饱和。

（一）正常操作

（1）巡回检查真空泵操作条件，检查泵是否有异常声音、噪声。检查气水分离器液位，使其保持在控制范围内。

（2）检查脱氯塔真空度。

（3）检查进入脱氯塔淡盐水的 pH 值。

（4）检查脱氯塔密封槽中液位。

（5）每 8 h 从脱氯盐水泵出口对脱氯淡盐水取样分析其含 NaOH 和游离氯含量，每小时检查脱氯盐水中游离氯一次，保证不含游离氯。

（6）温度调节，用每个冷却器的冷却水阀调节测量点样品温度。

（二）开车

1. 开车操作

（1）打开氯气去除害塔的阀门。

（2）打开淡盐水自动阀前后的阀门并关闭其旁路阀。当淡盐水循环槽的液位高于 50% 以后，启动淡盐水循环泵，并通过泵回流阀调节泵出口压力到规定值。

（3）通过淡盐水自动阀控制淡盐水循环槽液位在规定值（50 ± 1%），并投入自动。

（4）打开脱氯盐水自动阀前后的阀门并关闭其旁路阀。脱氯塔液面 60% 时启动脱氯淡盐水泵，并通过泵回流阀调节泵出口压力到规定值。

(5)用脱氯盐水自动阀调节脱氯塔液面在 60% ±5% 。

(6)供应冷却水到氯水冷却器和脱氯真空泵,检查真空泵后启动真空泵。

(7)分析氯气纯度合格后,切换真空泵出口管到氯气总管。

(8)调节真空泵旁路阀,使真空度达 −67 kPa。

2. 化学脱氯

(1)确定亚硫酸钠贮槽的亚硫酸钠溶液已按规定的浓度配制好(Na_2SO_3 浓度为 10%)。

(2)打开亚硫酸钠贮槽和底槽之间的连通阀。

(3)启动亚硫酸钠泵,并通过泵回流阀调节泵出口压力到规定值。

(4)在电解开车前约 30 min,打开亚硫酸钠自控阀并调节 Na_2SO_3 的流量到设定值。

(5)电解开车时,脱氯塔稳定后,观察游离氯的值,通过调节亚硫酸钠流量将脱氯淡盐水游离氯控制在额定值。

(三)停车

当电解设备和盐水精制设备停车以后,脱氯工序才能停车。

(1)确认电槽工序停车和淡盐水循环泵停。

(2)确认盐水精制设备停车。

(3)手动关闭脱氯盐水加酸阀,停止向脱氯塔进口管路供盐酸。

(4)手动关闭脱氯盐水加碱阀,停止向脱氯塔出口管路供碱。

(5)停脱氯真空泵。

(6)停亚硫酸钠泵。

(7)停脱氯淡盐水泵。

(四)淡盐水的脱氯工艺指标

脱氯前淡盐水 pH = 1.0 ~ 2.0   脱氯后淡盐水 pH = 8 ~ 11

脱氯后淡盐水含碱 <0.2 g/L   脱氯后淡盐水游离氯:检不出

(五)淡盐水的脱氯不正常情况及处理办法

淡盐水的脱氯不正常情况及处理办法见表2-9。

表 2-9　淡盐水的脱氯不正常情况及处理办法

序号	不正常情况	原因	处理方法
1	脱氯后的淡盐水中含有游离氯	（1）真空泵压力低，使得真空压力低	（1）调节回流阀，提高真空泵压力，如真空泵压力仍低，倒泵。联系维修工修理坏泵
		（2）加入的亚硫酸钠量少	（2）调节亚硫酸钠加入量，确保游离氯检不出。
		（3）酸度不稳定	（3）及时调节脱氯淡盐水酸度，使之保持在规定范围
		（4）脱氯盐水加酸和加碱 pH 值没有在规定范围	（4）及时调整脱氯盐水加酸和加碱 pH 值在规定范围
		（5）工艺管路上有问题	（5）及时查找原因解决
2	亚硫酸钠流量计没有指示	（1）亚硫酸钠泵坏	（1）及时倒泵，并通知维修工修理坏泵
		（2）泵出口管路上有堵塞	（2）及时查找并疏通
		（3）亚硫酸钠配制罐连接管堵，致使泵的进口没液体，泵打不上压力	（3）观察下层罐的视镜中没有液位而上层液位有指示，则罐的连接管处堵塞，拆开通之
		（4）流量计坏	（4）通知仪表工修理
3	脱氯塔真空低	（1）真空泵压力低	（1）调节回流阀，提高真空泵压力，如真空泵压力仍低，倒泵。联系维修工修理坏泵
		（2）脱氯系统有漏处	（2）查找，设法解决
		（3）真空泵坏	（3）通知维修工更换
		（4）脱氯塔氯气出口温度低于 9 ℃，造成氯气结晶堵塞管路	（4）减少冷却水流量，使温度恢复到规定值或拆开管路用蒸汽吹开

续表 2-9

序号	不正常情况	原因	处理方法
4	脱氯塔冷却器温度高	(1)冷却水流量小 (2)冷却水过滤器堵 (3)冷却水泵坏 (4)冷却水温度高	(1)加大冷却水流量 (2)让冷却水走旁路,拆开过滤器洗之 (3)倒泵并通知维修工修理坏泵 (4)查找原因,尽快解决
5	脱氯塔冷却器温度低	冷却水流量大	减少冷却水流量
6	泵或电机声音异常	泵或电机坏	倒泵,通知维修工修理
7	电机电流跑满	泵或电机坏	倒泵,通知维修工修理

第三节　影响离子膜电解槽技术经济指标的主要因素

在离子膜电解制碱工艺中,除考虑电流效率、槽电压等技术经济指标外,如何使离子膜能够长期稳定运转是很重要的。因为离子膜的价格非常昂贵,由于对电解槽的工艺条件控制失误而导致离子膜受到严重损坏的事故时有发生,有时即使不出重大事故,也会影响离子膜的电解性能,从而使电耗迅速上升。

一、影响电解槽技术经济指标的因素

(一)盐水质量

在离子膜法制碱技术中,进入电解槽的盐水质量是关键,它对膜的寿命、槽电压和电流效率均有重要的影响。

1. 钙、镁离子的影响

如前所述,盐水中的 Ca^{2+}、Mg^{2+} 及其他重金属离子,会与从阴极室反渗过来的 OH^- 形成难溶的氢氧化物而沉积在膜内。这样,一方面会堵塞离子膜使膜电阻增加,从而引起槽电压上升;另一方面还会使膜的性能发生不可逆的恶化而缩短膜的使用寿命。只要把盐水中的钙镁离子总量保持在 20 μg/L 以下,就能保证膜的使用时间和保持较高的电流效率。

2. SO_4^{2-} 的影响

由于 SO_4^{2-} 可以与其他重金属离子(如 Ba^{2+} 等)生成难溶的硫酸盐沉积在膜内,使槽电压升高,电流效率下降。如果盐水中 SO_4^{2-} 浓度在 4 g/L 以下时,对电流效率无明显影响,但如超过 5 g/L 电流效率就明显下降。

3. 其他重金属离子的影响

盐水中 Sr^{2+} 的存在对膜性能的影响比 Ca^{2+} 要小一些,而且它还受到盐水中 SiO_2 含量的影响。

在精制时,除了要求选择交换容量大、膨胀和收缩率小的螯合树脂外,盐水的流量、pH 值、温度及盐水中的游离氯等对盐水的精制效果均有影响。首先盐水的流速不能太快,使盐水和螯合树脂有充分的交换时间;盐水的 pH 值也会直接影响螯合树脂的吸附能力。当盐水的 pH 值小于 8.5 时,树脂从 R - Na 型转变成 R - H 型,从而降低了树脂的交换能力。当 pH 值大于 10.5 时,盐水中就有氢氧化物生成,这些氢氧化物会沉积在树脂中,影响离子交换能力。因此,在生产上常控制盐水的 pH 值在 8.5 ~ 10.5 的范围内。另外,树脂对钙镁的吸附能力受温度的影响很大,生产中一般控制盐水温度在(65 ± 5)℃。

(二)阴极液中 NaOH 浓度的影响

阴极液中 NaOH 浓度与电流效率的关系存在一个极大值。当阴极液 NaOH 浓度上升时,膜的含水率就降低,膜内固定离子浓度随之上升,膜的交换容量变大,因此电流效率就上升。但是,随着 NaOH 浓度继续升高,由于 OH^- 的反渗作用,膜中 OH^- 的浓度也增大,当 NaOH 浓度超过 35% ~ 36%,膜中 OH^- 浓度增大的影响就起决定作用,OH^- 要反渗到阳极侧,使电流效率明显下降。

阴极液中 NaOH 浓度对槽电压的影响,一般是浓度高,槽电压亦高。当碱浓度上升 1% 时,槽电压就要增加 0.014 V。因此,长期稳定地控制阴极液中的 NaOH 浓度是非常重要的。

(三)阳极液中 NaCl 浓度的影响

阳极液中 NaCl 浓度太低对提高电流效率、降低碱中含盐均不利。这主要是因为水合钠离子中结合水太多，使膜的含水率增大的缘故。这样一方面由于阴极室的 OH^- 容易反渗透，导致电流效率下降；另一方面阳极液中的 Cl^- 也容易通过扩散迁移到阴极室，导致碱液中 NaCl 含量增大。

同时，如果离子膜长期在低 NaCl 浓度下运行，还会使膜膨胀、严重起泡、分离直到永久性的损坏(当阳极液中 NaCl 浓度为 50 g/L 时)。但阳极液中 NaCl 浓度也不宜太高，否则会引起槽电压上升。因此，通常在生产中宜将阳极液中 NaCl 浓度控制在 210 ± 10 g/L 为好，至少不应低于 170 g/L。

(四)阳极液的 pH 值

离子膜法制碱的电流效率，几乎仅与离子膜中水合钠离子的迁移率有关。要使电流效率达到或接近 100%，就要使水合钠离子的迁移率接近 1。然而，由于阴极液中 OH^- 的反渗透，OH^- 与阳极液中溶解氯发生副反应的缘故，导致电流效率下降。同时也使氯中含氧升高。因此，在生产中常采用在阳极室内加盐酸调整阳极液的 pH 值的方法，来提高阳极电流效率，降低阳极液中 $NaClO_3$ 的含量及氯中含氧量。

如果膜的性能好，OH^- 几乎不反渗，则在阳极液内就不必加盐酸。但是阳极液的酸度也不能太高，一般控制 pH 值在 2～5。因为当 pH 值小于 2 时，溶液中 H^+ 会将离子膜的阴极一侧羧酸层中的 Na^+ 取代，造成 Na^+ 的迁移能力下降而破坏膜的导电性，膜的电压降很快上升并造成膜永久性的损坏。

(五)温度

各种离子膜在一定电流密度下，都有一个取得最高电流效率的温度范围。在范围内，温度上升会使阴极一侧的膜的孔隙增大，从而提高 Na^+ 的迁移率，亦即提高电流效率。

电流密度下降时，为了取得最高电流效率，电槽的操作温度也必须相应降低，但是不能低于 65 ℃，否则电槽的电流效率将会发生不可逆转的下降。这是因为温度过低时,膜内的—COO⁻ 与 Na⁺ 结合成—COONa 后,使离子交换难以进行,或者说使膜的离子交换容量下降。同时阴极一侧的膜由于得不到水合钠离子而造成脱水,使膜的微观结构发生不可逆的改变,膜对 OH⁻ 反渗的阻挡能力减弱,因此电流效率就随之急剧下降。以后即使再提高温度,膜的性能也难以恢复。因此,在操作中一定要防止电槽的温度不能过低。

此外,如果在操作范围内适当升高温度,则可以使膜的孔隙增大而有助于槽电压降低。在一般情况下,温度上升 10 ℃,槽电压可降低 50 ~ 100 mV。但是槽温不能太高(90 ℃以上),否则会产生大量水蒸气而使槽电压上升。因此,在生产中根据电流密度,常将槽温控制在 70 ~ 90 ℃。

(六)停止供水或供盐水的影响

阴极液中 NaOH 浓度是用加入纯水的量来控制的。如果加水过多会造成 NaOH 浓度太低,不符合生产的需要;如果加水太少则会造成 NaOH 浓度太高。就目前工业化的离子膜而言,NaOH 浓度长期超过 37%(质量百分比),会造成电流效率永久性的下降。

如果对电解槽停止供应盐水,槽电压会上升很高,电流效率则下降很快。在重新供应盐水后,槽电压和电流效率则会逐渐恢复到原有水平。

二、影响离子膜寿命的因素

对于实际运转中的电解槽来说,最重要的是如何长期稳定地发挥离子膜的高性能。在正常情况下,离子膜可使用二年而膜性能没有大的变化。如果机械或物理、化学等因素的影响,则会加速膜性能的恶化。一般来说,引起膜性能衰减的主要原因如下:

(1)受到重金属毒害;

(2)受到物理损伤及因膨胀和收缩而引起的物理松弛。这些损害除电解槽设计不合理外,主要是操作不当而造成的。

(一)操作不善对膜寿命的影响

电解槽在最佳操作条件下运转,将会充分发挥膜的性能,如果在运行时管理不善,会引起膜性能降低,缩短膜的使用寿命。此外,在停车时阴极液的 NaOH 浓度和阳极液中的 NaCl 浓度不能太高。否则,离子膜会发生收缩以及在室温时会有结晶析出而造成膜损坏。

(二)保存及安装不妥对膜的影响

(1)离子交换膜的保存是在室温(10 ~ 40 ℃)下,用一定浓度的盐水润湿后,重叠在乙烯树脂软罐里。如果保存温度超过 40 ℃,膜内部的含水量就增加,会降低膜的电解性能;如果温度过低,则会出现膜中水分结冰或析出 NaCl 的现象。

(2)为了防止膜表面干燥,在安装时应尽量随取随装。在拿取时绝对不允许将膜弯曲和折叠。否则,在弯曲折叠处会产生微小的裂缝,并由此使膜破裂。

(三)电槽结构对膜的寿命的影响

(1)因氯气滞留而造成膜的损害。由于电槽结构不合理而造成氯气在电槽内滞留(如在电极支持体的地方,因盐水流动不畅会造成氯气滞留),这些氯气会向膜的内部扩散,与反渗过来的 OH⁻ 生长 NaClO 结晶而破坏膜的结构。严重时,还会在膜上形成针孔和发生龟裂现象,导致膜的损坏。

(2)压力变动而带来膜的磨损。由于阳极室的氯气和阴极室的氢气的压力差的变化,会使离子膜同电极反复摩擦而受到机械损伤。特别是当膜已经有皱纹时,就更容易在膜上产生裂纹。因此,除将电极表面尽可能加工得光滑一些外,还要能自动调节阴阳极室的压力差,使其保持在一定范围内。几乎所有离子膜电解槽,都是控制阴极室的压力大于阳极室的压力,使膜紧贴在阳极表面,以防止膜的抖动带来的磨损。但是,如果将离子膜过分地压向阳极表面,也会导致离子膜的损伤。

第二篇　氯产品生产工艺

第三章　氯气处理

第一节　概　述

一、氯的物理性质

常温下,氯是黄绿色,具有使人窒息气味的气体,有毒。氯气对人的呼吸器官有强烈的刺激性,吸入过多时还会致死。氯气比空气重,约为空气的2.5倍。在101.3 kPa和0 ℃时每立方米的氯气重3.214 kg。

氯气是一种易于液化的气体,绝对压力为101.3 kPa的纯氯气在－34.05 ℃或将其压缩至370 kPa,在0 ℃时就可以液化成液体氯。

液氯是黄绿色的透明液体。0 ℃时每升液氯重1.468 5 kg,相当于463 L气体氯。

氯气能溶于水,但溶解度不大,温度越高氯气在水中的溶解度越小。氯气溶于水后同时与水反应生成盐酸和次氯酸,因此氯水具有极强的腐蚀性。1 mol氯气溶于水中可放出20.48 kJ热量。

氯气在四氯化碳、氯仿等溶剂中溶解度较大,比在水中的溶解度约大20倍。工业上利用氯气在四氯化碳中有较大溶解度这一特点,用四氯化碳吸收氯碱厂产生的所有废氯,然后再解吸回收氯气。

二、氯的用途

氯气的用途极为广泛,主要用途简述如下。

(一)杀菌消毒

上下水、游泳池、浴池的消毒;牛乳消毒;鱼肉、兽肉的消毒与防腐等。

(二)漂白及制浆

纸浆及棉纤维、化学纤维的漂白;氯化纸浆的制造(用于除去纤维中的木质素);陶瓷原料的漂白;糖的精制等。

(三)冶炼金属

镁的冶炼及精制;制成铍、钛、硅、锆、铌、钽、钼、钨等的氯化物,然后还原成金属。

例如:
$$TiO_2 + 2Cl_2 + C \rightarrow TiCl_4 + CO_2$$
$$TiCl_4 + 4Na \rightarrow Ti + 4NaCl$$

(四)制造无机氯化物

制造漂白剂,如次氯酸钠、漂白液、漂粉精、漂白粉等;制造氯化硫供橡胶工业用;制造三氯化磷和五氯化磷供农药、染料、医药用;制造三氯化铝供石油裂解及染料用,制造三氯化铁供净水用;制造氯化银供照相用;制造氯酸钾供火柴、炸药用;制造氯化镁、氯酸钙供除草和棉花脱叶用;制造盐酸供味精、染料、金属酸洗用等。

(五)制造有机氯化物及有机物

(1)塑料及增塑剂:如聚氯乙烯、过氯乙烯、聚偏二氯乙烯、氯化石蜡等。

(2)合成橡胶:如氯丁橡胶、聚硫橡胶、硅氧橡胶等。

(3)合成纤维:如聚氯乙烯纤维、聚偏氯乙烯纤维及供制涤纶纤维用的乙二醇等。

(4)农药:如制造敌百虫、敌敌畏、螨卵酯、三氯杀螨砜、2,4-滴、2,4,5-涕等。

(5)医药品:如氯仿、三氯乙醛、氯乙烷等麻醉剂。

(6)溶剂:如二氯乙烷、三氯乙烯、四氯乙烯、四氯化碳、氯乙醇等。

（7）制冷剂：如氯甲烷、氯乙烷、氟利昂等。

（8）其他：大量消耗于制造氯苯、一氯醋酸、四乙基铅、环氧氯丙烷及合成甘油等。

三、氯气处理的任务和方法

从电解槽出来的湿氯气，一般温度较高，并伴有大量水蒸气及盐雾等杂质。这种湿氯气对钢铁及大多数金属有强烈的腐蚀作用，只有某些金属材料或非金属材料在一定条件下，才能耐湿氯气的腐蚀。例如金属钛、聚氯乙烯、酚醛树脂、陶瓷、玻璃，橡胶、聚酯、玻璃钢等。因而使得生产及输送极不方便。但干燥的氯气对钢铁等常用材料的腐蚀在通常情况下是较小的，所以湿氯气的干燥是生产和使用氯气过程中所必需的。

氯气干燥前通常先使氯气冷却，使湿氯气中的大部分水蒸气被冷凝除去，然后用干燥剂进一步除去水分。干燥后的氯气经过压缩，再送至用户。

在不同的温度与压力下，气体中的含水量可以用水蒸气分压来表示。在同一压力下，温度愈高，含水量愈大，其水蒸气分压也愈高。不同温度时，湿氯气中的含水量如表3-1所示。

表3-1　湿氯气中的水蒸气分压和饱和含水量（101.3 kPa）

温度 （℃）	1 kg 氯气的体积（m³）		水蒸气含量		水蒸气分压 （kPa）
	干燥的	用水蒸气饱和的	g/m³	g/kg Cl₂	
10	0.325	0.330	9.4	3.1	1.224
15	0.330	0.336	12.8	4.3	1.702
20	0.335	0.341	17.3	5.9	2.328
25	0.340	0.352	23.0	8.1	3.165
30	0.346	0.360	30.0	10.8	4.229
35	0.352	0.373	39.6	14.7	5.613
40	0.357	0.387	51.2	19.8	7.355
45	0.365	0.401	65.4	26.2	9.563
50	0.370	0.420	83.1	34.9	12.30

续表 3-1

温度 (℃)	1 kg 氯气的体积(m³)		水蒸气含量		水蒸气分压 (kPa)
	干燥的	用水蒸气饱和的	g/m³	g/kg Cl₂	
55	0.376	0.444	104	46.2	15.69
60	0.381	0.474	130	61.6	19.37
65	0.387	0.512	161	82.5	24.94
70	0.393	0.566	198	112	31.52
75	0.399	0.640	242	1.55	38.45
80	0.404	0.747	293	219	45.77
85	0.410	0.958	354	338	57.67
90	0.415	1.347	424	571	69.93
95	0.421	2.531	505	1 278	84.31

例如:温度为 80 ℃时,在 1 kg 被水蒸气饱和的氯气中就有 219 g 水蒸气,当它冷却到 25 ℃时,水蒸气含量便是 8.1 g。若继续降低温度至 15 ℃时,水蒸气含量为 4.3 g。所以,1 kg 氯气从温度为 80 ℃冷却到 15 ℃时,冷凝下来的水量为 219 − 4.3 = 214.7(g)。由此可见,降低湿氯气的温度,可以将其中大部分水分除去,从而可以大大降低干燥的负荷,减少硫酸的消耗,但氯气冷却的温度不能过低,因为在 9.6 ℃时氯气与水可生成 $Cl_2 \cdot 8H_2O$ 结晶水合物,造成设备、管路的堵塞,妨碍正常生产。

为了使氯气能用钢铁材料制成的设备及管道进行输送或处理,要求氯气的含水量小于 0.05%(如果用透平压缩机输送氯气,则要求含水量小于 100 mg/L)。因此,必须将氯气中的水分进一步除去。在工业上,均采用浓硫酸来干燥氯气,因为浓硫酸具有:不与氯气发生化学反应、氯气在硫酸中的溶解度小、浓硫酸有强烈的吸水性、浓硫酸对钢铁设备不腐蚀、稀硫酸可以回收利用等特点,故浓硫酸是一种较为理想的氯气干燥剂。

用浓硫酸干燥氯气,其干燥效果取决于硫酸溶液液面上方的水蒸气压力。

当温度一定时,硫酸浓度愈高,其水蒸气分压愈低;当硫酸浓度一定时,温度降低,则水蒸气分压也降低。也就是说,硫酸的浓度愈高、温度愈低,硫酸的干燥能力也就愈大,即氯气干燥后的水分愈少。但如果硫酸温度太低的话,则硫酸与水形成结晶水合物而析出。因此,原料硫酸与用后的稀硫酸在储运过程中,尤其在冬季必须注意控制温度和浓度,以防止管道堵塞。硫酸浓度在84%时,它的结晶温度为8℃,所以在操作中一般将 H_2SO_4 温度控制在不低于10℃。此外,硫酸与湿氯气的接触面积和接触时间也是影响干燥效果的重要因素。故用硫酸干燥湿氯气时,应掌握以下几点,即硫酸的浓度、硫酸的温度、硫酸与氯气的接触面积和接触时间。

生产中使用的氯气还需要有一定的压力以克服输送系统的阻力,并满足用户对氯气压力的要求。因此,在氯气干燥后还需用气体压缩机对氯气进行压缩。

综上所述,氯气处理系统的主要任务是:

(1)将湿氯气干燥;

(2)将干燥后的氯气压缩输送给用户;

(3)稳定和调节电解槽阳极室内的压力,保证电解工序的劳动条件和干燥后的氯气纯度。

第二节　氯处理工艺

根据氯处理的任务,氯处理的工艺流程大致包括氯气的冷却、干燥脱水、净化和压缩、输送几个部分。

一、氯气的冷却

根据对氯气冷却的方式不同,可分为直接冷却、间接冷却和氯水循环冷却三种流程。前两种工艺现代氯碱企业已经不再使用,下面讲述氯水循环冷却流程。

这种流程是氯气用水直接冷却,氯水经换热器冷却后进入冷却塔喷淋冷却氯气,氯水在冷却塔底用泵循环使用。定期排出的氯水去脱氯塔脱氯后排往下水道。此流程具有前两种流程的优点:冷却效率高,操作费用大大低于直接冷却法而稍高于间接冷却法,投资比前者高而低于后者。同时由于对氯气进行了洗涤,氯气中的盐雾及 NCl_3 大部分被除去,提高了生产的安全性。

二、氯气的干燥

氯气干燥时均以浓硫酸为干燥剂,分为填料塔串联硫酸循环流程和泡沫塔干燥流程。

(一)填料塔串联硫酸循环流程

该流程采用三台或四台填料塔串联(见图3-1),每台填料塔配有硫酸泵、循环槽、冷却器。按氯气流向,最后一只塔的硫酸浓度最高、依次往前,最前一只塔的硫酸浓度最稀,当浓度小于75%(四塔串联为65%)时,作为废酸打入废酸槽外售,其余各塔硫酸依次打入前一塔循环,最后一塔则补入98%的新硫酸。硫酸在循环过程中,因吸收水分而温度升高,为了提高吸收效率,必须及时将硫酸冷却,因此每台干燥塔均配有硫酸冷却器。

该工艺对氯气负荷波动的适应性好,且干燥氯气的质量稳定,硫酸单耗低,系统阻力小,动力消耗省。但设备大,管道复杂,投资及操作费用较高。

(二)泡沫塔干燥流程

泡沫塔(见图3-2)一般设有四块塔板,氯气由塔底进入,浓硫酸由塔顶进入,于是在每层塔板上形成泡沫层,氯气被浓硫酸吸收水分后经塔顶填料层除沫后出塔。浓硫酸经过每一层塔板因吸收水分而逐渐被稀释,废酸由塔底流入废酸槽。此流程设备体积小、台数少,流程简单,投资及操作费用低。其缺点是压力降较大(四块塔板达5 kPa左右),适应氯气负荷波动范围小,塔板易结垢,且一旦堵塞必须停车处理,故一般设置备用塔。同时由于塔酸未能循环冷却,塔温高,因此出塔氯气的含水量较高,出塔酸浓度高,故酸耗较大。针对上述缺点,出现了稀酸冷却大循环泡沫塔干燥氯气的流程,也有在泡沫塔后面增加一台填料塔,形成泡沫—填料干燥塔流程(见图3-3)。

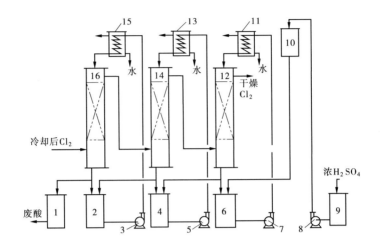

1—废酸槽;2—循环槽;3—酸泵;4—循环槽;5—酸泵;6—循环槽;
7—酸泵;8—浓酸泵;9—浓酸槽;10—高位槽;11,13,15—冷却器;
12,14,16—填料塔 Ⅰ、Ⅱ、Ⅲ

图 3-1　填料塔干燥流程

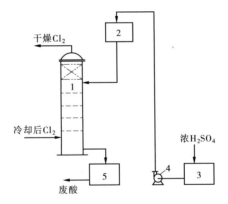

1—泡沫干燥塔;2—酸高位槽;3—浓酸槽;4—酸泵;5—废酸槽

图 3-2　泡沫塔干燥流程

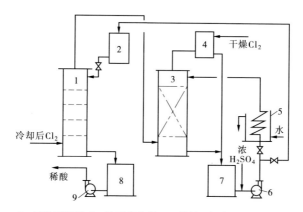

1—泡沫干燥塔;2—浓酸高位槽;3—填料干燥塔;4—除雾器;
5—硫酸冷却器;6—循环泵;7—循环槽;8—稀酸槽;9—稀酸泵

图3-3　泡沫—填料塔干燥流程

三、氯气的净化

　　氯气离开冷却塔、干燥塔或压缩机时,往往夹带有液相及固相杂质。因此,在进入输送系统、液化系统以及透平机前要尽量除去这些杂质。直接冷却可有效地除去固相食盐,但不能完全除掉水雾。国内在除水雾或酸雾时,一般都采用浸渍含氟硅油的玻璃棉所制作的管式过滤器,或附瓷环的填料塔、旋流板、丝网过滤器、旋风分离器及重力式分离器等方法。现在有使用美国孟莫克水雾捕集器及酸雾捕集器除去氯气中夹带的水雾及酸雾。

四、氯气的压缩和输送

(一)液环式氯气压缩流程

　　出干燥塔的氯气,经液环式压缩机加压至0.15~0.3 MPa(表压),并依次经过气液分离器、缓冲器、除沫器,把夹带的硫酸雾沫分离掉后,送往氯气分配台,经调配后送至各用氯部门。出压缩机的硫酸,经气液分离器,进入冷却器降温后,回入压缩机循环使用。当循环酸的浓度小于92%时,需用98%浓度的硫酸更换。换出的酸可供干燥塔用。根据负荷的高低,压缩机可多台并联运转。氯气由于被压缩机抽吸,因此自电解槽、冷却塔、干燥塔至压缩机进口都呈负压,压缩机出口呈正压。为稳定电解槽阳极室内氯气的负压,在压缩机的进出口之间,装有氯气压力自动调节装置(见图3-4)。

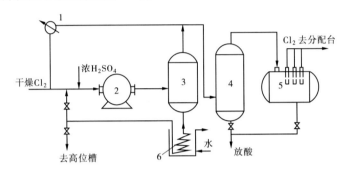

1—压力调节器;2—氯压缩机;3—气液分离器;4—缓冲器;5—除雾器;6—酸冷却器

图3-4　液环式氯气压缩流程

液环式压缩机虽然结构简单,强度好又实用,但效率不高。另外,它在压缩、输送氯气过程中,还需要输送硫酸,所以能耗高,且氯气中含有较多酸雾,给以后工序带来困难。

(二)透平机氯气压缩流程(分两级压缩和四级压缩两种)

离心式氯气透平压缩机是借高速旋转的叶轮所产生的离心力使气体压缩。干燥氯气先进入一级压缩,压缩后的高温氯气进入冷却器(Ⅰ)移去其热量后依次进入二级压缩和冷却器(Ⅱ),最后进入三级压缩和冷却器(Ⅲ)。出冷却器(Ⅲ)的氯气一部分送往用户,另一部分回到压缩机的一级进口,以稳定电解槽阳极室的负压(见图3-5)。由于透平机的压缩比不能太大,因此一般采用三级或四级压缩,并在每一级之间设置冷却器以移去压缩时产生的热量,使气体体积缩小。为确保其正常运转,透平机对氯气的含水量及杂质的要求比较严格,一般含水量要求小于100 mg/L。另外,还要经过高效除沫器除沫。该工艺还附有润滑油系统、密封用空气的干燥及再生系统、水处理系统等。

1.润滑油系统

在润滑油系统中,润滑油以一定压力、流量、温度供透平机轴承、增

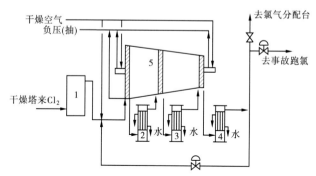

1—除雾器;2—冷却器(Ⅰ);3—冷却器(Ⅱ);4—冷却器(Ⅲ);5—透平氯压机

图3-5 透平机氯气压缩流程

速器、联轴节的润滑,以保证机组安全正常运行。其流程如图3-6所示。

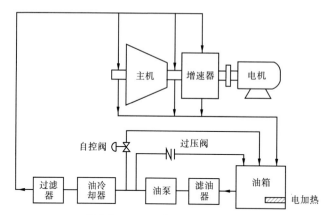

图3-6 透平机润滑油系统流程

透平机油在油箱内经电加热至一定温度后,经滤油器吸入齿轮泵,并依次经过油冷却器、油过滤器进行冷却过滤,除去杂质。润滑油的压力先由系统中过压阀限制在一定压力后,由差压阀调节,自动控制油压到规定数值后到各进油点。再经调节阀调节到所需压力后进入压缩机的轴承和增速器进行润滑,然后返回油箱循环使用。

该系统中设有主、辅油泵。当油系统压力低于规定压力时自动报警,并自行启动辅油泵。待油压恢复时,辅油泵就自动停止。当压力低于202.6 kPa(表),由于连锁装置的作用,透平机就自动停机。

2. 密封用空气(或氮气)

本系统是将空气压缩经过干燥处理使其含水量小于50 mg/L,供透平机密封、充气用。

由空压站或空压机送来的压缩空气(或氮气),送至透平机轴封作密封用。

3. 水处理系统

透平机对每级间接冷却器的冷却水的水质有较高要求,而透平机电机的冷却用水则要求更高,水的质量直接影响到冷却器的传热效果和使用寿命,并关系到系统的生产正常,为此必须设置水处理系统。

透平机组与液环式氯气压缩机相比较,具有单机生产能力大、开停车方便、节能显著、氯气外逸少等特点,但投资费用大,工艺控制要求高且较复杂。

五、适用于氯气透平压缩机的氯处理流程

(一)氯水循环—间接冷却—泡沫塔干燥氯气流程

来自电解槽的湿氯气,进入水洗塔与冷却循环氯水直接接触进行热交换,然后进入钛冷却器(Ⅰ)(Ⅱ),分别用工业上水、冷冻水进行间接热交换后,氯气温度为12–18 ℃。经钛丝除沫器除去水雾后,再去干燥。在冷却器内冷凝后的氯水进入氯水槽,一部分氯水经氯水冷却器冷却后,作水洗塔洗涤氯气用,另一部分氯水经脱氯后排放。冷却后的氯气进入两台串联的泡沫塔进行干燥,泡沫塔(Ⅱ)采用98%的浓硫酸,先将其经过冷却器,用冷冻水冷至10 ℃左右进入,通过四层筛板与氯气逆流接触,氯气被干燥,硫酸被稀释至浓度为80%左右,流入稀酸槽,然后经冷却器冷却至10 ℃左右,用泵送入稀酸高位槽,再分别进入泡沫塔(Ⅱ)和泡沫塔(Ⅰ),从泡沫塔(Ⅰ)流出的废酸排入废酸槽(见图3-7)。

有些工厂采用一台泡沫塔的干燥流程,即稀酸冷却大循环泡沫塔干燥流程(见图3-8)。96%以上的浓硫酸由循环泵经冷却器冷却至10

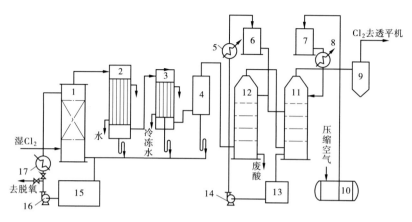

1—水洗塔;2,3—钛冷却器.Ⅰ、Ⅱ;4—除沫器;5,8—酸冷却器;
6—稀酸高位槽;7—浓酸高位槽;9—除雾器;10—浓硫酸槽;
11,12—泡沫塔Ⅰ、Ⅱ;13—稀酸槽;14—稀酸循环泵;
15—氯水槽;16—氯水泵;17—氯水冷却器

图 3-7　氯水循环—间接冷却—泡沫塔干燥氯气流程

℃后进入高位槽,槽内浓硫酸分别加入泡沫塔的第一和第三板。进入第一塔板的浓硫酸在吸收微量水分后,经外溢流进入第二块塔板后回到浓硫酸循环槽。进入第三块塔板的浓硫酸吸收水分后,由内溢流进入第四块塔板,与已被冷却至 10 ℃的 72% 的稀酸混合成浓度为 80% 的酸,吸入水分后,经外溢流进入第五块塔板继续干燥湿氯气,最后经外溢流与塔底酸一并进入稀酸槽,一部分循环使用,另一部分打入废酸槽外售。

(二)氯水循环—鼓风机—填料塔串联干燥氯气流程

来自电解槽的湿氯气,进入洗涤塔后与经工业上水冷却的循环氯水直接进行热交换,然后用钛鼓风机加压,使干燥处于正压下操作,以防止周围湿空气漏入,影响氯气的纯度和含水量。加压后的湿氯气进入冷却塔后用冷冻后的循环氯水喷淋冷却,经除沫后用硫酸将其干燥。在洗涤塔、冷却塔和除沫器中被冷凝下来的氯水流入氯水槽,用泵送去脱氯后排放(见图 3-9)。

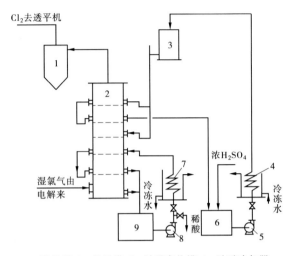

1—除沫器;2—泡沫塔;3—浓酸高位槽;4—浓酸冷却器;
5、8—循环泵;6—浓酸循环槽;7—稀酸冷却器;9—稀酸槽

图 3-8　酸冷却大循环泡沫塔干燥流程

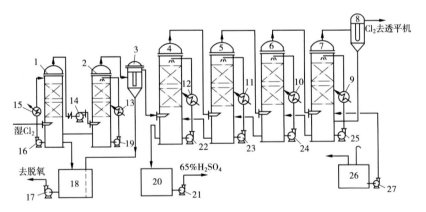

1—洗涤塔;2—冷却塔,3—除沫器;4、5、6、7—干燥塔Ⅰ、Ⅱ、Ⅲ、Ⅳ;
8—除雾器;9、10、11、12—冷却器Ⅰ、Ⅱ、Ⅲ、Ⅳ;13—冷却器;
14—钛鼓风机;15—氯水冷却器;16、17、19—氯水泵;18—氯水槽;
20—稀硫酸槽;21—稀酸泵;22、23、24、25—酸循环泵Ⅰ、Ⅱ、Ⅲ、Ⅳ;
26—浓硫酸槽;27—浓硫酸泵

图 3-9　氯水循环—鼓风机—填料塔串联干燥氯气流程

　　氯气干燥系统由四台填料塔串联组成。每台塔均配有酸循环泵、冷却器,自成一个循环系统。按氯气流向,最后一只塔的硫酸浓度最高,依次往前,最前一只塔排出的硫酸浓度为65%左右作为废酸外售。其余各塔的硫酸依次往前溢流,最后一塔补入98%的新酸。硫酸在循环过程中吸收水分温度上升,由冷却器将热量移去。干燥后的氯气再经除雾器除雾后,去透平压缩机。

第三节　主要生产设备

一、填料塔

　　如图3-10所示,填料塔一般由塔体、花板、液体分配器、填料、气液进出口接管等组成。塔内充装的填料有拉西环、螺丝圈、鞍形、波纹或其他高效填料。

　　填料塔可用于氯气的冷却。它和氯水循环槽、氯水泵和冷却器组成一个氯气洗涤、冷却循环系统。用于氯气冷却的填料塔,常用钢衬胶、玻璃钢加强的聚氯乙烯塑料或其他耐腐蚀材料制成。由于氯气在塔内直接与氯水接触,因此传热效果好,冷却效率高,操作容易。但设备较多,管道布置复杂。

　　填料塔也可用于氯气的干燥。它和硫酸循环槽、硫酸泵和冷却器组成一个循环系统。用于氯气干燥的填料塔,

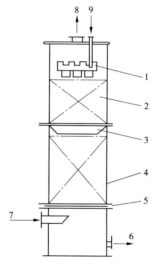

1—酸分配器;2—填料;3—再分配器;
4—塔体;5—花板;6—硫酸出口;
7—氯气进口;8—氯气出口;
9—硫酸进口

图3-10　填料塔

常用玻璃钢加强的聚氯乙烯塑料、钢衬耐酸瓷砖或其他耐腐蚀材料制成。填料塔的特点是运转稳定,操作弹性大,对于电流的波动、氯气流量的变化均能适应。同时由于填料塔循环酸喷淋量大,流出的硫酸经

冷却后循环使用,所以干燥后氯气的温度较低,从而达到了较高的干燥效果。但设备庞大、占地面积大、管道复杂、管理不便且动力消耗较大。

二、泡沫塔

泡沫塔的传质速率高,被广泛地用于气体的吸收、冷却等过程中。用于氯气处理的泡沫塔可用陶瓷、聚氯乙烯、玻璃、聚氟树脂等材料制成。

用于氯气干燥的泡沫塔的塔体为圆柱形,如图 3-11 所示。而用于冷却的泡沫塔,由于氯气温度变化较大,氯气中水蒸气被冷凝而使每一块塔板上气体体积变化较大,所以塔体可做成锥形或塔板开孔率不同,以保证泡沫塔有较大的操作弹性。

干燥用泡沫塔一般有 4 ~ 5 块塔板。筛板孔径 d 和孔间距 t 采用下列数据会获得较好的效果(见表 3-2)。

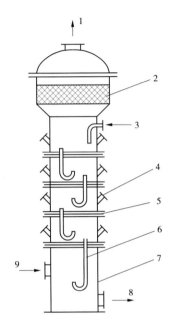

1—氯气出口;2—填料;3—浓硫酸进口;
4—视孔;5—花板;6—溢流管;7—塔体;
8—稀酸出口;9—氯气进口

图 3-11　泡沫塔

表 3-2　孔径和孔间距

t/d	5/2	8/3	12/5	14/6
$a(\%)$	14.5	12.7	15.7	16.3

注:a 为开孔率。

当 t 过小时,易使气流相互干扰。设计氯气干燥泡沫塔时,一般采用 $t/d = 8/3$,开孔率 $a = 12.7\%$,孔按正三角形排列。

在泡沫塔的塔板上气液两相的分散情况如下所述。

(1)鼓泡层。此层在靠近塔板处,气体为一个个的气泡分散在液体中。这一层随着气相速度的增大而减小至完全消失。这里由于气液两相接触面积不大,故传质效率不高。

(2)泡沫层。此层发生在气体速度适当时,气液两相形成悬浮状的泡沫。这时由于泡沫的状态不断更新,而且表面积很大,这里传质阻力小,传质效率高,所以这一层决定了泡沫塔的操作好坏。

(3)雾沫层。此层在泡沫层上方,由于液柱对气体的影响减小,气体速度大于下层,泡沫破裂而形成雾沫,这时吸收阻力虽然较小,但在过高雾沫层情况下,雾沫会随着气体夹带入上层塔板,使上层塔板的硫酸浓度发生变化,结果反而降低了塔板效率。为了减少这种情况,塔板间距一般可取 300 ~ 500 mm。

在塔的上部,为了充分利用吸收剂,设有除雾装置。可堆放填料或设置旋流板等构件。由试验可知,当塔内气体的空塔速度小于 0.5 m/s 时,液层以鼓泡为主;气速在 0.5 ~ 0.7 m/s 时,将形成较稳定的蜂窝状的泡沫,但不易破裂,表面不能很快更新,吸收效率欠佳;当气速在 0.7 m/s 以上时,则可形成运动的、不断更新的、相界面很大的泡沫,使传质速率大大提高,但若气速增加到 3 m/s 以上时,泡沫很快被破坏形成雾沫,随着气体夹带到上一块塔板或带出塔外,此时还会使液相的真实重度降低,不能很好地从降液管落下而积聚在塔板上,造成液泛现象。因此,泡沫塔内气体的空塔速度一般控制在 0.7 ~ 3.0 m/s,以 1 ~ 1.5 m/s 为最好。

泡沫塔与填料塔相比,具有设备小、生产能力大、结构简单、节省材料、投资低、占地面积小等优点。但泡沫塔也存在酸雾夹带多、阻力降大、系统负荷弹性小、出酸浓度难以控制,硫酸不能冷却而造成氯气出口温度高致使氯中含水量增高等缺点。

三、列管式热交换器

列管式热交换器在氯气处理中,主要用于工艺介质的冷却。如湿氯气的冷却、氯水的冷却、塔酸的冷却、纳氏泵循环酸的冷却及氯透平机压缩后氯气的冷却等。

用于湿氯气冷却的热交换器,必须用具有良好耐腐蚀性能的材料制成。如玻璃、石墨、钛等。用于氯气冷却的热交换器,一般用碳钢制成。

(一)玻璃冷却器

这种设备和一般列管冷却器结构相仿。筒身用碳钢,也有用聚氯乙烯塑料外用玻璃钢加强,上下封头及管板均采用硬质聚氯乙烯。冷却管采用硬质耐热的 81# 或 95# 玻璃管,规格为 $\phi(25 \sim 26) \times 1.5 \times 2\,000$,在玻璃管的两端热胀各套上一段 $\phi 32 \times 4 \times 60$ 的硬质聚氯乙烯管,即可与玻璃管紧密配合,然后用聚氯乙烯热风焊与管板焊牢。

这种冷却器结构简单、投资低、材料易得,制造工艺不复杂。但玻璃管两端直径及不圆度相差很大,容易造成泄漏。另外,由于玻璃的导热系数较低,传热效果较差,因此要求有较大的传热面积,且当温度变化较大时易发生破裂。

(二)石墨冷却器

用于氯气冷却的石墨冷却器,一般为浮头式列管换热器。管板为经过树脂浸渍的不透性石墨,列管采用压型或碳化石墨管,管板与列管的胶合剂应与石墨浸渍剂相一致,一般用酚醛石墨或呋喃石墨胶合剂。封头为钢衬胶,壳体则为碳钢制。

石墨冷却器的优点是结构紧凑、传热系数高、流体阻力小、可制成较大换热面积。其缺点是价格较贵、耐压低、不适用于强烈冲击和振动的场合,在运输和安装时容易损坏。用于氯气冷却时,必须注意氯气进口温度要在 50 ℃ 以下,这是因为高温湿氯气容易生成新生态氧,使石墨氧化而受腐蚀。

(三)钛冷却器

金属钛对湿氯气的耐腐蚀性极好,但不得用于含水量低于 0.5%(质量百分比)的氯气场合。钛冷却器(见图 3-12)的列管可制成 $1 \sim 2$ mm 壁厚的薄壁管,以利于提高传热效果。

钛冷却器可制成浮头式结构,也可以制成一般列管式结构,换热器管板与管子之间,可采用氩弧焊或等离子焊工艺,这样能较好地解决缝隙腐蚀问题。

氯气的走向,可走管程也可以走壳程。当走管程时管板用钛板或钛复合板,封头用钢衬胶或钛复合板或硬聚氯乙烯板,壳体、折流挡板

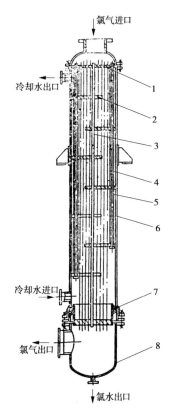

氯气进口

冷却水出口

冷却水进口

氯气出口

氯水出口

1—管板;2—挡板;3—钛管;4—拉管;
5—定距管;6—筒体;7—填料;8—封头
图 3-12　浮头式钛换热器

等不与氯气接触部分可用碳钢制成。当走壳程时壳体用钛或钛复合板,管板用钛板,不与氯气接触的封头可用碳钢制成。氯气走壳程比走管程有利于提高传热效果。

四、氯气压缩机

(一)纳氏泵

纳氏泵(见图 3-13)又称液环泵,是氯碱厂中输送氯气的最常用的设备。它由泵壳、叶轮、大盖、小盖、轴承等几部分组成。它是一种旋转液环式气体压缩机。在椭圆形壳体(1)中,充了一部分工作液体(用于氯气压缩时,泵内的工作液体为98%硫酸)。由许多叶片组成的转子(2)在壳内旋转时,壳体内的液体在离心力的作用下,沿着椭圆形的内壳形成了椭圆形液体。当叶片在位置(Ⅰ)时,其空间充满了液体。由此空间按顺时针方向旋转一个角度时,液层逐渐向外移动,于是在叶片根部就形成了低压空间,氯气便由吸入口进入这个空间。低压空间随着转子的继续旋转便更加扩大,吸入的氯气也就更多。当叶轮转到位置(Ⅱ)时,吸入的氯气由于空间的缩小逐渐地被压缩,然后从排送口压出。叶轮转到位置(Ⅲ)时,叶片空间又全部被液体充满。继续旋转时,液层又逐渐移开,又开始重新吸入氯气。到了位置(Ⅳ),空间又逐渐缩小,氯气又被压缩排出。因此,当叶轮每旋转一周,泵进行了二次吸气和二次排气工作。在这个过程中,工作液体起了"液体活塞"的作用。工作液体在泵内旋转,并有一部分随着气体排出,经分离、冷却后返回泵的入口,反复使用。

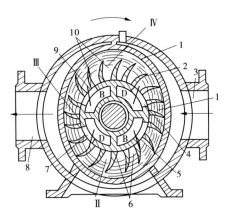

1—壳体;2—叶轮(转子);3—吸气接管;4—上排气口;5—下吸气口;
6—下工作室;7—下排气口;8—排气接管;9—上吸气口;10—上工作室;
B—吸气室;D—排气室

图3-13　纳氏泵工作原理图

(二)透平压缩机

这是一种具有蜗轮的离心式压缩机,借叶轮高速旋转产生的离心力使气体压缩,其作用与液体输送所用的离心泵或离心鼓风机相似。因为气体压缩时要产生热量,所以在透平压缩的每一段压缩比不能太大,并必须在级间用中间冷却器将热量及时移去使气体体积变小,以利于压缩过程的逐级进行。这种压缩机排出的气体压力高,输送能力大,所需动力小,机械的精度也比较高。但因氯气在压缩过程中温度较高,所以对氯气含水及其杂质的要求也相应提高,一般要求含水小于100 mg/L,还要有高效的除雾装置等。

1. LYJ - 4200/0. 36 型号透平压缩机(两级压缩)

型号:LYJ - 4200/0. 36

　　进气流量:最大4 200 Nm³/h,正常3 700 Nm³/h(按10 万 t/a 烧碱能力设计)

　　进口氯气纯度≥95% ,含氢≤0. 6% ,含水≤200 mg/L

　　进口氯气压力:0. 08 ~ 0. 09 MPa 绝压

　　出口氯气压力:0. 36 MPa 绝压

　　转速:15 600 r/min

主电机:

　　型号:YKK450 - 4 - 355kW10000V IP44

　　联轴器:JMJ10(YA110 × 210/YB₁70 × 100) × 300

　　旋转方向:从驱动端看为顺时针方向

　　配套电机功率:355 kW(电压 10 kV)

　　主机额定电流:25. 4 A

操作指标:

　　一级进口氯气温度:≤30 ℃

　　一级出口氯气温度:≤120 ℃

　　二级进口氯气温度:≤40 ℃

　　二级出口氯气温度:≤120 ℃

　　二级冷却器出口氯气温度:≤40 ℃

　　轴振动(一级、二级):≤45 μm

轴位移: $-0.6 \sim +0.6$ mm

油温:20 ~ 45 ℃

油压:0.18 ~ 0.25 MPa

油精滤器压差: < 80 kPa

各轴承温度: < 70 ℃(或 < 环境温度 + 50 ℃)

电机绕组温度:≤95 ℃

冷却器冷却水出口 pH 值: > 7

2. LLY - 1 - 4 - 60 型透平压缩机(四级压缩)

LLY - 1 - 4 - 60 透平压缩机系我国锦西化工机械厂设计的单机壳、单吸入、双支承、四段压缩氯压机,它适用于年产 7 万 ~ 10 万 t 烧碱的氯碱厂输送氯气。转动部分由主轴、叶轮、轴套、推力盘及齿轮联轴器等组成。高速的旋转由行星增速器得到,电机用 JRQ 型,可以调节转速以适应生产能力的需要。润滑油系统用强制供油润滑,工作可靠,轴的密封采用迷宫式,充以干燥空气或氮气,防止氯气向外泄漏及轴受腐蚀。

该机的技术规范如下:

型号:LLY - 1 - 4 - 60

型式:单吸四级离心式,四次中间冷却。

输送气体成分:氯气纯度 95%(体积百分比),其余为氢气、二氧化碳及空气,含水量在 100 mg/L 以下,并要求除去盐雾、硫酸液滴及有机物等杂质。

气体流量:3 725 Nm^3/h

进口压力:83 kPa(绝压)

进口温度:30 ℃

出口压力:471 kPa(绝压)

出口温度:90 ℃

冷却水温度:夏季 32 ℃,冬季 10 ℃

工作转数:10 407 r/min

临界转数:$n_1 = 42\ 302$ r/min

$n_2 = 17\ 026$ r/min

增速器型号:SG-36

速比:10.565

配用电机:JQR-156-6　550 kW(6 000 V)

外形尺寸(mm):1 728×1 310×1 190

五、气液分离器

用于纳氏泵出口的气液分离器(见图3-14),是利用气液两相受重力或离心力作用不同而进行分离的。含有酸雾的氯气以切线方向进入分离器,由于酸雾重度较大,其离心力亦大,就在容器壁上碰撞后,受到重力作用从设备下部流出。氯气则由中心管向上排出,从而达到气、液两相分离的目的。

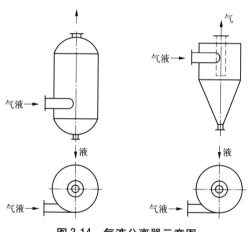

图3-14　气液分离器示意图

六、氯气除雾器

氯气除雾器有管式、填充式等(见图3-15)。这些设备借过滤的原理进行操作,它们都以许多细孔通道的物料作为过滤介质。当气体通过时,悬浮在其中的雾状颗粒被截留,并自动聚集成较大的液滴,流到除雾设备的下部排出。填充式丝网除雾器内的填充物,是将塑料或钛丝(用于湿氯气)的编织物卷制而成,它的阻力较大。

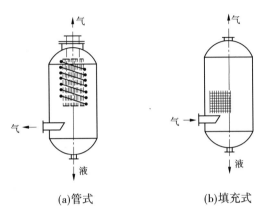

(a)管式　　　　　　　　(b)填充式

图 3-15　除雾器示意图

管式除雾器内的过滤介质是一种经过特殊处理的玻璃纤维,并按过滤要求设计成一种具有一定形状和厚度,以及有一定过滤面积的组件。将其固定在有阻气孔道的管子上。为了增加过滤面积,可将多个组件固定在一个管板上。它具有较小的过滤阻力,又能自净化,其性能良好,但制作要求较高。

第四节　氢气处理

从电解槽出来的氢气,其温度稍低于电解槽的槽温,含有大量饱和水蒸气,同时还带有盐和碱的雾沫。所以,在生产过程中应进行冷却和洗涤,然后再用风机输送到用氢部门。

为了保持电解槽阴极室的压力稳定,并不使其在氢气系统出现负压,保证空气不被吸入而造成危险,在氢处理系统中均设有电槽氢气压力调节装置及自动放空装置。

一、氢处理工艺

(一)氢处理工艺流程

氢处理工艺流程见图 3-16。自电解槽来的氢气进入氢气—盐水热交换器,使氢气与盐水进行热交换,氢气温度可降至 50 ℃左右,而盐水温度约能提高 10 ℃。这样使氢气中所带出的一部分余热可得到回收。被冷却后的氢气再进入氢气洗涤塔内,用工业上水对其洗涤和冷却,氢气中大部分固体杂质(盐雾和碱雾)及水蒸气被冷却水带走并排入下水道。氢气则从塔顶出来,经水气分离器分离后,由罗茨鼓风机输送到氢气柜或用氢部门。

　　为了保持电解槽阴极室的压力衡定,在鼓风机出口总管设一回流管接到鼓风机的吸入总管,并装有蝴蝶阀调节氢气回流量,以适应由电槽来的氢气量与鼓风机的吸气量之间的平衡。

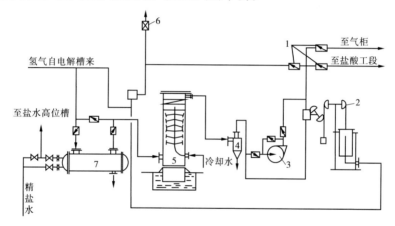

1—蝴蝶阀;2—氢气压力自动调节器;3—罗茨鼓风机;4—水气分离器;
5—氢气冷却塔;6—氢气自动放空器;7—氢气、盐水换热器

图 3-16　氢气处理工艺流程

　　这个装置关系到电解系统的安全运行。此外,如果系统发生意外,氢气压力超过给定值时,为了确保电解槽内离子膜不受过大压力的影响,在氢气总管上还设有自动放空装置。

二、主要设备

(一)氢气冷却塔

　　氢气冷却塔(见图3-17)的塔身大多用碳钢制成,其直径视氢气处理量而定,高度一般为 4 ~ 6 m。塔内沿圆周方向及上下位置布置有冷却水进入的喷嘴,塔顶有捕沫用的瓷圈和防爆膜。塔底直接坐落在水槽上,使塔的下部有一个安全的水封高度。这样,一旦系统压力突然升高时,氢气便可冲破水封泄去压力,避免事态继续扩大。

(二)罗茨鼓风机

罗茨鼓风机是一种旋转式鼓风机(见图3-18),它主要由机壳(3)和两个呈渐开线履形的旋转叶轮(1)组成,两叶轮由两个啮合的齿轮(2和4)带动作相对运动,当叶轮旋转时,其一端互相严密地接触,另一端则分别与机壳密接,将机体分为两室,一室吸入气体,而另一室排出气体,其工作过程是随着这两个室容积的改变而进行的,它输送气体的容积为图中阴影部分。

为了使叶轮与叶轮、叶轮与机壳之间不致有很大的摩擦,并转动灵活,故一般有分别为0.4~0.5 mm与0.1~0.5 mm 的间隙,但不能太大,否则压出部分的气体将漏入吸入部分,影响输气能力。

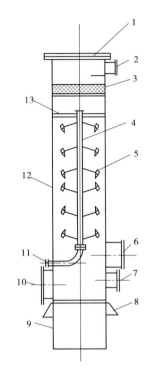

1—防爆膜;2—氢气出口;3—瓷圈;
4—冷却水总管;5—冷却水喷嘴;
6—人孔;7—氢气进口;8—支座;
9—支撑圈;10—人孔;11—冷却水进口;
12—桶体;13—拉条支撑板

图 3-17　氢气冷却塔结构简图

当叶轮的旋转方向改变时,其吸入口与压出口将互换。所以,在正式运转前应检查其转向,以防氢气被压向电解槽离子膜而造成事故。

罗茨鼓风机结构简单,没有活门装置,输送气量的范围可较大地变动,连续而且均匀。它的动力消耗比液环泵少,所以在输送气量较大而且不要很高压力时,可考虑选用。但必须注意氢气的纯度及尽可能考虑采用如铜叶轮等部件,避免可能产生的火花。

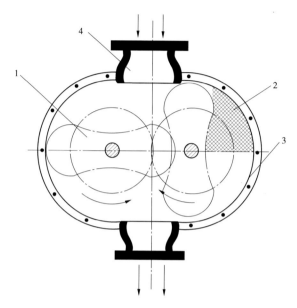

1—工作转子;2—输送的气体体积;3—机壳;4—气体进口

图 3-18　罗茨鼓风机

(三)JSKA405 氢气压缩机组

JSKA 型水环压缩机闭式循环机组以双山牌 SKA 型水环压缩机为主机,配置气液分离器、循环换热器、测控仪表、阀门管件等,完成气体压缩输送和尾气回收等工艺流程。工作液来自闭式水循环系统,换热器冷却水来自工业水系统。

工作过程:被抽混合气体经系统阀门,由进气管路进入压缩机内,经压缩后,气体携带部分泵工作液,由排气连通管排至气液分离器。压缩机排出的混合气经气液分离器分离,气体经排出口排出,而工作液则留在分离器中。压缩机中的工作液是由气液分离器供给的。在气体被压缩的过程中会使工作液温度上升,因此由气液分离器排出的工作液必须经换热器冷却,使工作液温度下降后,方可循环进入泵内使用。工作温度由换热器使用的冷却水温度决定,具体温度由双金属温度计指示,并设有压力表进行工作液压力显示。

在进气管与排气管之间安装一回流管路,以便调节进、排气口的压差和压力,用以保护压缩机和系统。在排气口安装逆止阀,以防设备停运或故障时气体倒入系统。

闭式循环系统中,压缩机长期转运时,分离器内的工作液位有两种可能:

(1)系统减水的过程中,因蒸发损耗等可能使工作液位降低(甚至无水),从而使泵的性能急剧下降。

(2)系统增水的过程。所抽的气体含有蒸汽,有可能凝结成液体混入工作液,而使液位增加,会导致压缩机电动机功率增加。

分离器内液体温度过高时排液,或长期停车时排空。排液口压力不能高于当地大气压。

第五节　氯氢处理工序基本操作

一、复极氯氢处理系统

(一)复极氯氢处理工艺流程简述

氯气处理:由离子膜电解来的湿热氯气首先进入氯气洗涤塔底部,氯水由氯水循环泵经氯水冷却器冷却后,由塔上部送入氯气洗涤塔内,直接将氯气冷却,洗涤塔中的氯水因不断吸收湿氯气中的含盐水蒸气而增多,为了保持液位和防止盐类聚积而由氯水泵排出一部分去电解工段脱氯塔。氯气由洗涤塔出来进入并联的两台钛管冷却器,用 10 ℃冷水间接冷却至 12～18 ℃,再经两台并联的水雾捕集器后进入填料干燥塔,硫酸由硫酸循环泵经硫酸冷却器冷却后,由塔上部送入填料塔内,直接与氯气接触以脱除氯气中的水分,填料塔中的硫酸不断吸收氯气中的水分,使其浓度降低,由自控阀间断排放至废酸贮罐。氯气由填料塔出来进入泡罩干燥塔底部与从浓硫酸高位槽经计量泵及冷却器送入的浓硫酸逆向接触进一步脱除氯气中的水分。从泡罩塔出来的干燥氯气进入酸雾捕集器,脱除酸雾后,由酸雾捕集器顶部出来进入氯气透平压缩机组加压后,经缓冲罐送往氯氢厂。

氢气处理:从电解来的湿热氢气,经氢气冷却器与循环水间接冷却,再经氢气喷淋塔喷淋、冷却、洗涤后,经氢气压缩机组加压,再经氢气泵后冷却器冷却,水雾捕集器除去水雾送至氯氢厂。

(二)复极氯氢处理开车步骤

1. 开车前的准备

待水、电、气送至氯氢处理工段后,全面检查设备,浓硫酸储量,看机泵、阀门、水封、视镜、液位计、电气、仪表(仪表工确认自控处于可控状态)等确认正常。

2. 开车

(1)接开车通知后,与离子膜主控室、盐酸工序联系。

(2)开氯水冷却器冷却水,并启动氯水循环泵循环。

(3)开钛管冷却器、填料塔硫酸冷却器、泡罩塔硫酸循环冷却器、浓硫酸冷却器冷却水。

(4)启动填料干燥塔稀硫酸循环泵,启动浓硫酸计量泵,调节合适的流量向泡罩塔补充浓硫酸。启动泡罩塔酸循环泵。

(5)开氢气洗涤塔喷淋冷却水、氢气泵循环水冷却器冷却水、氢气泵前后冷却器冷却水。

(6)通知电工检查电气。

(7)启动氢气压缩机稳定泵前压力(电解送电前)。

(8)启动氯气透平机主机空运转(电解送电前),待氯气干燥系统正常后,打开进口阀门向事故氯泄压,稳定泵前压力。

(9)氯氢处理工序具备通氯气、氢气条件。

(三)复极氯氢处理停车步骤

1. 正常停车操作

(1)氯气系统:

①接停车通知开始降电流,随着电流的变化要不断调整透平机组回流阀及其进口阀,保证氯气系统正常压力。

②当整流电降为零后,可将氯气透平机组停运。可通过去电解除害塔阀门(或氯氢处理事故氯阀)对氯气总管抽空一段时间。

③短时间停车,氯水循环泵、填料干燥塔稀硫酸循环泵、泡罩塔酸

循环泵可以不停,调小向泡罩塔补充浓硫酸的量。

④若长期停车,需排净泡罩塔各层塔板存酸。尤其是冬季,应防止浓硫酸上冻。

(2)氢气系统:

①接停车通知开始降电流,随着电流的变化,要不断调整氢气泵回流阀门,保证氢气泵泵前压力在正常控制范围内。

②当整流直流电降为零后,系统如需置换抽空,就继续抽空,抽空时,一定要维持泵前压力在规定范围内。

③当整流直流电降为零,系统不需置换或置换完毕后,停氢气泵,关闭进出口阀门。

2. 事故状态紧急停车

当由于某种原因导致系统全停时,立即关闭所有运行的氢气泵、透平机组进出口阀门,检查确认氯气事故氯阀组打开,向事故氯泄压。

(四)复极氯氢处理工艺控制指标

复极氯氢处理工艺:

电解216阀后压力(PT1404—1):	-0.3 ± 0.1 kPa
氯气泵后压力:	$90 \sim 150$ kPa
氢气泵前压力:	2.5 ± 0.2 kPa
氢气泵后压力:	$50 \sim 80$ kPa
循环氯水进洗涤塔温度:	$18 \sim 35$ ℃
氯气出洗涤塔温度:	$18 \sim 50$ ℃
氯气钛管冷却后温度:	$12 \sim 18$ ℃
循环硫酸进填料塔温度:	$11 \sim 16$ ℃
氯气进泡罩塔温度:	$11 \sim 20$ ℃
泡罩塔补充酸温度:	$11 \sim 14$ ℃
循环酸进泡罩塔温度:	$11 \sim 16$ ℃
透平机进口氯气温度:	<30 ℃
填料塔废酸浓度(含 H_2SO_4):	$75 \sim 85\%$
氢气洗涤塔出口温度:	<40 ℃
氢气泵工作液温度:	$\leqslant 40$ ℃

氢气泵后冷却器出口温度：　　　≤20 ℃

氮气(密封气)减压后压力：　　　0.2~0.3 MPa

机组密封气压差：　　　　　　　5~20 kPa

B#、C#透平机电机额定电流：　　337 A

A#透平机电机额定电流：　　　　25.4 A(电压10 kV)

A#、B#氢气泵电机额定电流：　　286.6 A

C#氢气泵电机额定电流：　　　　18.2 A(电压10 kV)

透平机工艺控制指标：

一级进口氯气温度：　　　　　　≤32 ℃

一级出口氯气温度：　　　　　　≤120 ℃

二级进口氯气温度：　　　　　　≤40 ℃

二级出口氯气温度：　　　　　　≤120 ℃

二级冷却器出口氯气温度：　　　≤45 ℃

轴振动：　　　　　　　　　　　≤70 μm(B#、C#)

　　　　　　　　　　　　　　　≤45 μm(A#)

轴承温度：：　　　　　　　　　≤70 ℃(或小于环境温升35 ℃)

油温：　　　　　　　　　　　　18~45 ℃

油压：　　　　　　　　　　　　0.18~0.25 MPa

油精滤器压差：　　　　　　　　<80 kPa

冷却器冷却水出口pH值：　　　　>7

二、单极氯氢处理系统

(一)单极氯氢处理工艺流程简述

　　氯气处理：由单极离子膜电解来的湿热氯气，首先进入氯气洗涤塔底部，氯水由氯水循环泵经氯水冷却器冷却后，由塔上部送入氯气洗涤塔内，直接将氯气冷却，洗涤塔中的氯水因不断吸收湿氯气中的含盐水蒸气而增多，为了保持液位和防止盐类聚积而由氯水泵排出一部分去复极离子膜脱氯塔。氯气由洗涤塔出来进入串联的两台钛管冷却器冷却后进入填料塔，由填料塔顶部出来进入泡沫塔与浓硫酸逆向接触，干燥后氯气进氯气泵与浓硫酸混合加压，然后经硫酸分离器、缓冲器罐、酸雾捕集器,除去硫酸酸雾后,送往氯氢厂。

氢气处理:从电解来的湿热氢气,经氢气喷淋塔冷却洗涤后,经氢气泵加压,经汽水分离器,经缓冲罐至氯氢厂。

(二)单极氯氢处理开车步骤

1. 开车前的准备

(1)待水、电、气送至氯氢处理工段后,全面检查设备,浓硫酸储量,机泵、阀门、水封、视镜、液位计、电气、仪表(仪表工确认自控处于可控状态)等确认正常。

(2)检查并加好泵酸及塔酸高位槽的硫酸。

2. 开车

(1)接开车通知后,与单极离子膜主控、盐酸工序联系。

(2)开氯水冷却器冷却水,并启动氯水循环泵循环。

(3)开钛管冷却器冷却水,打开浓硫酸套管冷却器冷却水。

(4)开氯气泵循环酸酸冷却器冷却水、氢气泵循环水冷却器冷却水。

(5)打开浓硫酸套管冷却器加酸阀,向泡沫塔加酸(确保每层塔板及溢流杯均有足量酸层)。

(6)通知电工检查电器。

(7)启动氯气泵,稳定泵前压力。

(8)当单极电流升至 20 kA 时,启动氢气泵。

(三)氯氢处理单极停车步骤

1. 正常停车操作

(1)氯气系统:

①接停车通知开始降电流,随着电流的变化要不断调整氯气泵进口,保证氯气系统正常压力。

②若开两台氯气泵,当一台可满足需要时,另一台要停运。

③系统若需置换,当整流电降为零后,可用氯气泵抽空一段时间后根据调度指令停泵(也可以开单极事故氯阀,利用事故氯装置抽空),抽空时,氯气泵前压力要维持在正常范围内。

④泡沫塔停止加酸。

⑤短期内停车,各冷却水及氯水洗涤塔循环泵不停。

(2)氢气系统:

①接停车通知开始降电流,随着电流的变化,要不断调整氢气泵进口,保证氢气泵泵前压力在正常控制范围内。

②当整流直流电降至 20 kA 后,根据指令停氢气泵。

③系统如需置换抽空,根据指令再次启动氢气泵抽空氢气管道,抽空时,一定要维持泵前压力在规定范围内。

2. 事故状态紧急停车

当由于某种原因导致系统全停时,立即关闭所有运行的氢气泵、氯气泵出口阀门,检查确认氯气事故氯阀组打开,向事故氯泄压。

(四)单极氯氢处理工艺控制指标

氯气泵前压力:	-0.2 ± 0.1 kPa
氯气泵后压力:	$90 \sim 200$ kPa
氢气泵前压力:	2.5 ± 0.1 kPa
氢气泵后压力:	$50 \sim 80$ kPa
循环氯水进洗涤塔温度:	$18 \sim 35$ ℃
氯气出洗涤塔温度:	$18 \sim 50$ ℃
氯气二级钛管冷却器后温度:	$12 \sim 18$ ℃
废酸浓度(含 H_2SO_4):	$75\% \sim 85\%$
氯气泵循环酸进口温度:	$\leqslant 25$ ℃
氯气进泵温度:	$\leqslant 35$ ℃
氢气泵工作液温度:	$\leqslant 40$ ℃
氯气泵电机额定电流:	205 A(110 kW 电机)
氢气泵电机额定电流:	152 A(75 kW 电机);177 A(90 kW 电机)
泵酸浓度(含 H_2SO_4):	$\geqslant 93\%$

三、氯氢处理工序不正常现象及处理方法

氯氢处理工序不正常现象及处理方法见表3-3。

表 3-3　氯氢处理工序不正常现象及处理方法

不正常现象	产生原因	处理方法
洗涤塔液位居高不下或过低	液位自控失灵	改用人工控制液位,检修自控系统
洗涤塔液位不稳定	(1)液位自控失灵 (2)氯水溢流口堵塞 (3)塔底排污阀漏液 (4)塔内压力波动 (5)氯水循环泵工作不正常	(1)维修自控 (2)清理 (3)维修或更换 (4)与调度联系查明原因 (5)倒泵维修
氯水进洗涤塔温度超标	(1)氯水循环量不够 (2)冷却器循环水量小或水质不好 (3)冷却水进口温度过高 (4)冷却器堵塞,过水不畅	(1)加大循环水量 (2)改善水质,加大冷却水量 (3)改善供水,加大水量 (4)清洗冷却器
氯气出洗涤塔温度超标	(1)氯水循环量不够 (2)液体分布器损坏或有内漏 (3)填料层损坏或填装不合要求	(1)加大循环水量 (2)检修液体分布器 (3)更换或重装
洗涤塔压降过大	(1)填料层堵塞或损坏 (2)氯水循环量太大 (3)氯气进塔流量太大或温度过高	(1)清洗或更换塔填料 (2)调小循环量 (3)控制塔负荷和进塔氯气温度
填料塔压降过大	(1)填料层堵塞或损坏 (2)填料支承板变形或损坏 (3)硫酸循环量太大 (4)系统负荷太高	(1)清洗或更换填料 (2)更换支承板 (3)控制硫酸循环量 (4)控制塔负荷

续表 3-3

不正常现象	产生原因	处理方法
填料塔氯气出口和其循环酸温度超标	(1)冷却器冷水量小或水质不好 (2)冷冻水进口温度过高 (3)冷却器堵塞,过水不畅 (4)水雾捕集器除雾效果下降或水封短路 (5)硫酸循环量小	(1)改善水质,加大水量 (2)降低水温,加大水量 (3)清洗冷却器 (4)更换除雾筒,提高水封液位 (5)提高循环酸量
泡罩塔氯气出口和其循环酸温度超标	(1)冷却器冷水量小或水质不好 (2)冷冻水进口温度过高 (3)冷却器堵塞,过水不畅 (4)水雾捕集器除雾效果下降或水封短路 (5)酸循环泵因故障停开	(1)改善水质,加大水量 (2)降低水温,加大水量 (3)清洗冷却器 (4)更换除雾筒,提高水封液位 (5)倒用备用泵,检修
干燥塔硫酸循环量太小	(1)循环泵发生故障 (2)冷却器或阀门、管道堵塞 (3)塔内硫酸液位太低	(1)倒泵,检修循环泵 (2)查明堵塞位置,设法排除 (3)检查排污阀是否关紧,加大补酸量(若是填料塔,应检查自控)
泡罩塔压降过高	(1)浓硫酸含渣量大,引起塔板堵塞 (2)循环酸量太大	(1)开大加酸量,冲洗塔板 (2)调节循环泵回流,控制酸循环量
出系统氯气纯度太低	设备或管道漏气	检查漏气点,用陶泥堵漏

续表 3-3

不正常现象	产生原因	处理方法
电解氯正压,而氯干燥负压很高还抽不过来	(1)氯气大管道积水 (2)氯气干燥塔积酸过多而堵塔	(1)检查积水所在,排水 (2)检查各塔酸溢流口有否堵塞和泡罩塔塔板有否积液,并设法排除
氯气总管波动	(1)氯气总管、氯气洗涤塔钛板冷却器之间积氯水 (2)填料塔、组合干燥塔溢流酸出口堵塞、塔板积酸 (3)直流电波动	(1)排放积水 (2)分析、判断原因,并加以消除 (3)与调度联系稳定电压
计量泵完全不排液	(1)吸入高度太高 (2)吸入管道阻塞 (3)吸入管道漏气	(1)降低安装高度 (2)清洗疏通管道 (3)压紧或更换法兰垫片
钛管冷却器后温度高	(1)冷却器冷水温度高 (2)钛冷结垢,冷却效果差 (3)冷水量小	(1)提高冷水水温 (2)停车清洗冷却器 (3)提高冷水量或检修冷水自控阀
钛管冷却器氯水量过多	设备漏	停车检修设备
氯气泵发生振动	(1)泵与电机中心线安装不对 (2)泵与电机联轴器安装不正,弹性垫圈不起作用 (3)地脚螺丝固定不紧或螺钉扣受腐蚀而损坏 (4)泵内循环酸过多发生冲击 (5)泵轴承坏 (6)叶轮质量不好或轴弯曲转动不平衡	(1)重新对中心线 (2)调整联轴器装好弹性垫圈,上紧 (3)紧地脚螺丝或更换 (4)调节酸量 (5)更换轴承 (6)换叶轮,校正轴

续表 3-3

不正常现象	产生原因	处理方法
氯气泵壳体温度过高	(1)循环酸量太小 (2)泵氯气入口温度高,含水量大 (3)泵循环酸温度高 (4)循环酸浓度低 (5)泵出口压力增大	(1)增加酸循环量 (2)加强氯气冷却及干燥 (3)冷却器水量不足或结垢,应加大水量除垢 (4)换高浓度酸 (5)与盐酸联系降低压力
氯气泵体内产生响声	(1)硫酸循环量过大,泵内发生强烈冲击 (2)硫酸内有固体杂物 (3)叶轮局部破碎	(1)减小酸量 (2)换酸 (3)换叶轮
氯气泵电机电流突然升高	(1)硫酸循环量太大 (2)泵后压力突然升高 (3)轴承损坏 (4)叶轮安装间隙过小,受热后膨胀产生摩擦 (5)叶轮破碎,发生撞击	(1)调小酸量 (2)调整压力 (3)停泵换轴承 (4)停泵调整间隙 (5)停泵换叶轮
氯气泵抽气力降低	(1)硫酸循环量过大或过小 (2)泵间隙大	(1)调整酸量 (2)调整间隙
氯气泵前突然正压	(1)循环酸量小无法调整 (2)泵或泵前管道、设备有漏气现象 (3)泵前管道或系统设备堵塞,气流不畅 (4)泵突然停 (5)电解电流突然升高,泵进口阀门调节不及时 (6)泵后压力突然上升	(1)启备用泵 (2)检查处理 (3)找出异物清理 (4)立即关停泵出口阀,启备用泵或按调度通知停车 (5)适当开大泵进口阀门 (6)与氯氢厂联系调整压力

续表 3-3

不正常现象	产生原因	处理方法
氢气 压力波动	(1)泵抽力不稳 (2)管道、设备积水 (3)整流电流波动	(1)检查泵循环水水位 (2)排水 (3)联系调度解决
氢气泵突然停	(1)停电 (2)泵或电机出故障	(1)立即关出口阀 (2)换泵或电机
运转中的 氢气管爆炸	(1)管道漏入氧气 (2)氯气正压大,通过电槽隔膜 漏入氯气	(1)泵前氢气系统维持正压 (2)严格控制泵前氯气压力
停车后 氢气管爆炸	停车时置换不彻底	用氮气置换

第四章　氯化氢生产

第一节　氯化氢的物理性质和化学性质

一、物理性质

氯化氢分子量为 36.461,在常温下为无色气体,具有刺激性气味。氯化氢比空气重,标准状态下的密度为 1.639 g/L。临界温度为 51.54 ℃,临界压力为 8 314 kPa,临界密度为 0.42 g/cm³。氯化氢在水中的溶解度很大,不同温度下,氯化氢气体在水中的溶解度随着氯化氢分压的升高而增加,随着温度的上升而降低气体氯化氢溶解于水时,放出大量的热。

氯化氢能与空气中的水蒸气形成烟雾,因此氯化氢在空气中能发烟。氯化氢的水溶液称为盐酸。盐酸是一种挥发性的酸,纯净的盐酸是无色透明的溶液。但在工业盐酸中常有铁、氯或有机物质而呈黄色。15 ℃时不同浓度盐酸的密度见表4-1。

不同温度下测得盐酸的密度值需加以校正。若高于 15 ℃ 测定的,把校正值加到测定的数值上,若是低于 15 ℃ 测定的,则需减去校正值。

表4-1　15 ℃时盐酸的密度与浓度之间的关系

浓度 (%)	0.16	8.16	17.13	23.82	30.55	31.52	32.49	33.46	34.42	35.38	39.11
密度 (g/mL)	1.000	1.040	1.085	1.120	1.155	1.160	1.165	1.170	1.175	1.180	1.200

二、化学性质

(1)干燥的氯化氢不与金属发生反应,但在高温和含有水时,能与金属(除银、铂、钽外)起剧烈反应,生成金属氯化物。

$$Fe + 2HCl = FeCl_2 + H_2 \uparrow$$

(2)盐酸是一种强酸,对金属具有剧烈的腐蚀。高浓度的盐酸有毒性。盐酸对皮肤和有机体有侵蚀性。

(3)盐酸与碱或碱性氧化物作用,生成盐和水。

$$NaOH + HCl = NaCl + H_2O$$

$$Fe_2O_3 + 6HCl = 2FeCl_3 + 3H_2O$$

(4)三份盐酸与一份硝酸混合成为王水,能溶解金和铂。

$$Au + NO_3^- + 4HCl = [AuCl_4]^- + NO \uparrow + 2H_2O$$

第二节　工艺原理

一、氯化氢的制取

氯化氢的制取有多种方法:氯氢直接合成氯化氢气体;有机物氯化时副产生成氯化氢气体;用酸来分解碱金属氯化物生成氯化氢气体;其他方法。如:

$$2Cl_2 + 2H_2O(蒸汽) + C \xrightarrow{600 \sim 1\,000\ ℃} 4HCl + CO_2$$

$$MgCl_2 + H_2O(蒸汽) \xrightarrow{500 \sim 510\ ℃} MgO + 2HCl$$

在这里我们详细介绍工厂中普遍采用的氯化氢制取方法,电解食盐水的产品氯气和氢气,在合成炉内直接合成氯化氢气体。

$$Cl_2 + H_2 = 2HCl$$

二、盐酸的制取

用水吸收氯化氢气体即成盐酸,其原理与一般气体的吸收相同。吸收氯化氢气体时可放出大量热量,使溶液的温度升高,氯化氢在其中的溶解度就降低。为了制得较高浓度的盐酸,吸收时必须及时将溶解热移走。这种边冷却边吸收氯化氢气体的方法,称为冷却吸收法。

第三节　工艺流程简述

来自氯氢处理工段的氯气、氢气,经冷却器、缓冲器、分配台、调节阀(二合一炉还经过孔板流量计、自控调节阀、快速切断阀)、阻火器进入合成炉灯头混合燃烧,生成氯化氢气体自炉顶排出,经空气冷却器(二合一炉是通过浸泡在水槽中的石墨管)进入石墨冷却器,冷却后氯化氢气体通过分配台经过氯化氢预冷器送氯乙烯工段做原料,多余的部分(或氯乙烯工段停车时全部)送降膜吸收塔用水吸收制成盐酸。氯化氢气体经石墨冷却器冷凝下来的盐酸流入冷凝酸贮槽,并定时压送到大冷凝酸槽,然后用泵输送到成品贮酸槽。

$$Cl_2 + H_2 \xrightarrow{\text{合成炉燃烧}} 2HCl + Q$$

第四节　主要工艺控制指标及产品技术指标

一、开车具备条件

(1)氯气纯度≥90%　　　　　　氯含氢≤1%
　　氯气压力 0.11~0.13 MPa(850~1 000 mmHg)
(2)氢气纯度≥98%　　　　　　氢含氧≤0.4%
　　氢气压力 0.05~0.079 MPa(385~592 mmHg)
(3)夹套炉:
　　炉内含氢≤0.4%　　　　　　合成炉出口含氢≤0.4%
　　水压≥0.3 MPa
(4)二合一炉:
　　炉内含氢≤0.4%　　　　　　合成炉出口含氢≤0.4%
　　进炉氢气管含氧≤1%　　　　进炉氢气管含氢≤0.4%

水压≥0.3 MPa

二、生产控制指标

(1)原氯:

纯度≥95%(分析 8 次/班)

含氢≤0.4%

含水≤0.03%

尾氯:

纯度≥85%

含氢≤3%

氯气压力 0.11～0.13 MPa(850～1 000 mmHg)

(2)氢气纯度≥98%　　　　　　　含氧≤0.4%

压力 0.05～0.079 MPa(385～592 mmHg)

(3)夹套合成炉:

出口压力 0.026～0.06 MPa(195～450 mmHg)

石墨进口温度 108～180 ℃

二合一炉:

出口压力≤60 kPa

石墨冷却器进口温度 360～400 ℃

氯化氢出口温度≤400 ℃

(4)吸收塔:

出口温度≤50 ℃

(5)冷却水:

夹套炉:

冷却水进口温度(85±5)℃　　　冷却水出口温度 90～95 ℃

水压≥0.3 MPa

二合一炉:

冷却水进口温度(85±5)℃　　　压力≥0.3 MPa

冷却水出口温度 90～95 ℃　　　上部循环水出口温度≤40 ℃

三、产品技术指标

氯化氢:

　　纯度≥93%（分析 8 次/班）　　　氢气过量≤5%

　　过氯量≤0.004%

盐酸:

　　HCl 含量≥31%（每小时测一次比重、温度,8 次/班）

第五节　主要生产设备

一、合成炉

制造氯化氢和盐酸的主要设备是合成炉。氯和氢在其中进行化合反应,并释放出大量反应热,在生产中必须及时除去。因此,出现了几种不同形式的合成炉:钢壳空气散热式合成炉、水夹套合成炉、石墨合成炉、石墨制三合一炉以及节能型二合一石墨炉等。以下我们主要介绍水夹套合成炉和二合一石墨合成炉。

（一）水夹套合成炉

水夹套合成炉（见图 4-1）是由钢板焊制而成的圆筒形炉体,外附冷却水夹套。用夹套中的冷却水冷却炉壁,使氯和氢合成产生的反应热通过炉壁迅速传给冷却水,大大改善了散热情况,从而提高生产能力。由于炉子由钢板制成,冷却水进入夹套的温度以不低于 70% 为宜,以免局部过冷使气体达到露点而产生腐蚀,为此需设有水循环系统。

（二）石墨合成炉

石墨合成炉（见图 4-2）炉体是圆筒形的,用酚醛树脂浸渍的人造石墨制成。炉子上各接管的开口位置与钢制合成炉基本相同,炉壁浸于冷却水中,由于石墨耐温耐腐蚀,传热效果又好,故炉子的使用寿命较长。操作环境也不热,但石墨材料及加工费昂贵,设备投资费用比钢制合成炉贵得多。

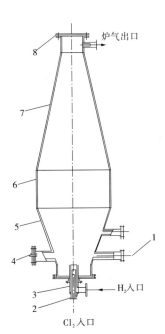

1—视镜口;2—灯头内管;3—灯头外管;

4—点火口;5—下锥体;6—圆筒段;

7—上锥体;8—防爆膜

图 4-1　水夹套合成炉

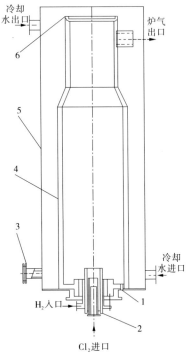

1—凝酸出口;2—炉头;

3—视镜;4—合成筒;

5—冷却水箱;6—防爆膜

图 4-2　石墨合成炉

二、热交换器

热交换器按其结构类型大致可分为:管束式石墨热交换器,如列管式(见图 4-3)、喷淋式等;径向式石墨热交换器(见图 4-4);板室式石墨热交换器。

用于氯化氢的冷却,目前大多数采用径向式石墨热交换器。它由基体换热块、石墨封头、金属外壳等组成,石墨块之间采用氟橡胶"O"型密封圈或柔性石墨密封圈密封。氯化氢气体走纵向孔,冷却水或冷冻盐水走横向孔。此设备具有结构简单、传热效果好、耐腐蚀、易于操作和维修等特点。

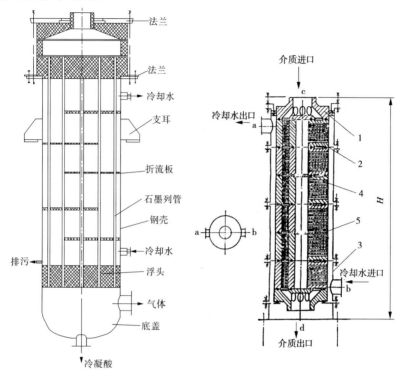

1—石墨封头;2—基本换热块;3—水箱;
4—挡水板;5—O 型密封圈

图 4-3　列管式石墨换热器结构图　　图 4-4　径向式石墨热交换器结构图

三、吸收器(塔)

绝热吸收塔、尾气塔、干燥塔可选用填料塔,内衬瓷砖、橡胶、酚醛胶泥或酚醛石墨。

径向式石墨降膜吸收器(见图 4-5)由气液混合室,气液分离器、吸收堰、吸收基本换热块、气液分配器及金属外壳等组成。所有石墨件均经酚醛浸渍加工而成。石墨块之间采用氟橡胶或柔性石墨"O"型圈密封。稀酸由顶部入塔,进酸管应在液面以下,防止炉气走短路去尾气吸收塔。每根吸收管都有布酸器,校正在同一水平面上,使每根吸收管均匀布入稀酸。合成炉气冷却后与稀酸由吸收管上部一起顺流而下,管外有水冷却,使管壁上的酸膜边冷却边吸收炉气中的氯化氢,塔底是成品酸与贫气的出口。此设备维护时,应注意:

(1)进入吸收器的氯化氢气体,温度不能过高,应小于 170 ℃,否则容易烧坏石墨件;

(2)定期清理冷却水夹套污垢,维持高效率运转;

(3)抽查冷却水出口含酸,发现损坏或渗漏应及时处理。

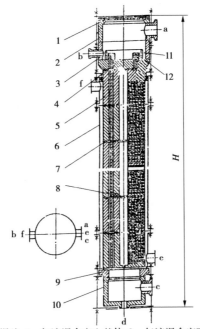

1—防爆片;2—气液混合室上基体;3—气液混合室下基体;
4—气液分配器;5—吸收基体块;6—金属水箱;
7—O 型密封圈;8—挡水板;9—基体座;10—气液分离器;
11—稳压环;12—吸收堰;a—氯化氢气体入口;b—稀酸入口;
C—尾气出口;d—成品酸出口;e—冷却水入口;f—冷却水出口

图 4-5　径向式石墨降膜式吸收器结构图

四、脱吸塔与再沸器

脱吸塔也称解吸塔,用于制造高纯氯化氢气体。一般选用填料塔,钢壳内衬瓷砖或酚醛石墨,填料选用瓷环。再沸器一般选用酚醛石墨制的列管式热交换器(见图4-6)。此设备应防止震撞、过热;加入蒸汽时,防止冲击和局部过热,一般控制蒸汽压力小于0.3 MPa。

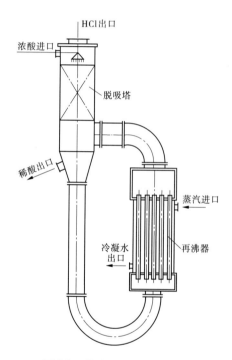

图4-6　盐酸脱吸塔及再沸器

五、其他设备

输送盐酸用泵可选用陶瓷泵、玻璃泵、聚三氟乙烯泵、氯化聚醚泵等耐酸泵。

容器如盐酸贮槽、分离器及管路等,可选用聚氯乙烯,酚醛玻璃钢、钢衬橡胶、瓷砖、玻璃、酚醛石墨、搪玻璃等材料制造。

第六节　盐酸工序基本操作

一、夹套炉基本操作

(一)开车前的准备

(1)全面检查所属管线、阀门、仪表、设备是否完好,关闭所有进、出口阀门。

(2)准备好必要的工具和器材。

(3)开启水力喷射泵、石墨冷却器及降膜吸收塔的阀门,使炉内保持负压,进行抽空置换。

(4)打开氯气分配台往夹套炉原氯阀门,将氯气送至炉前。

(5)打开氢气分配台往夹套炉氢气阀门,将氢气送至炉前,分析夹套炉氢气总管氢气纯度至合格。

(6)分析合成炉内含氢应低于0.4%,氯中含氢应低于0.4%。

(7)通知氯氢处理工段做好开车准备。

(8)开启待用石墨冷却器、降膜吸收塔冷却水进出口阀门。

(9)启动热水循环泵,打开夹套炉冷却水进、出口阀门,并且进口水温度控制在80 ℃ $\leq t <$ 90 ℃。

(二)正常操作

(1)开启合成炉、冷却器、吸收塔冷却水阀门。

(2)分析炉内气体,合格后联系调度可以点炉。

(3)点火:打开引火管供气阀点燃引火管,将引火管(或将点火把点燃)从炉门插入炉内,开启氢气阀,炉内氢气火焰正常燃烧时,缓慢开启氯气阀,调节供气量,至火焰呈青白色时退出引火管(或点火把),关闭炉门。

(4)合成岗位应全面检查是否正常,根据现场 Cl_2、H_2 总管压力,炉火颜色、炉压变化,及时调节 Cl_2、H_2 阀门,保证火焰呈青白色,然后按比例逐渐加大氯氢流量。同时适量开启吸收水阀门,调节石墨冷却器进水量,保证 HCl 温度 < 50 ℃,如遇到不正常情况,立即通知调度,如确系危及安全生产,应立即停车,同时应立即通知有关岗位及调度。

(5)当氯化氢纯度合格后,将氯化氢送往氯乙烯装置,先打开去氯乙烯装置的氯化氢总管阀门,根据需要逐步调小(或关死)氯化氢上塔阀门,同时调节降膜吸收塔吸收水量、水流泵的水量。

(6)盐酸岗位应根据 HCl 流量、盐酸浓度及吸收塔温度变化及时进行酸比重和温度测量,每小时 1 次。

(7)根据氯乙烯需要的流量,随时增大或减少氯氢流量,并保持氯化氢质量合格,输送压力稳定。

(8)根据冷却水进、出口温度调节各个设备的冷却水流量,使其进、出口温差保持在规定的范围内。

(三)停车操作

1. 计划停车

(1)停车前应与有关部门联系,经调度同意后,打开或开大送吸收塔氯化氢阀门,关闭送转化 HCl 阀门。

(2)逐渐减少氯、氢供气量,火焰保持青白色,最后同时关闭氯、氢气阀门,开启氢气排空阀,余氯送次氯酸钠工段。

(3)停炉后,关吸收水转子流量计阀门,吸收系统抽空 30 min 才能打开炉门,并继续抽空 30 min,以空气置换系统中的 HCl,确保安全和减少设备腐蚀,然后关闭水力喷射泵和石墨冷却器降膜吸收塔冷却水(冬天气温低于 0 ℃时,要把系统管线和设备积水排放干净,以防止结冰堵塞管路及损坏设备)。

(4)长期停车时,氯气管道用氯氢处理工序送来的压缩空气置换并排空。如停夹套炉则关闭夹套炉进、出口水阀门。

2. 紧急停车

在突然停电、停水或氯氢纯度、压力太低等情况,不能维持生产需紧急停车时,先关氢气阀门,后关氯气阀门。若因 H_2、Cl_2 纯度低,压力低时,Cl_2 送次氯工段,H_2 放空,并立即报告公司总调度和有关岗位,其他按正常停车处理。

二、二合一炉基本操作

(一)开车前的准备工作

(1)检查管线各连接点密封垫是否严密,有无"跑、冒、滴、漏"现象。

(2)检查所有阀门操作是否灵活,关闭是否严密。

(3)检查所有酸泵、水泵是否运转灵活。

(4)检查所有电机、电器是否正常,接地是否正常。

(5)检查所有仪表是否灵敏,零点是否正确。

(6)检查冷却水系统水压是否正常,低水压报警功能是否正常。

(7)检查吸收水循环槽水位是否正常,输水管路是否正常可靠。

(8)排净设备内和管路中的不正常积液。

(9)对所有管路液封注液。

(10)关闭所有取样阀,调节氢气排空阀。

(11)启动水流喷射泵,观察抽气情况。

(12)通知前后工序做好开车准备。

(13)检查炉前氯、氢压力是否正常,分析气体纯度是否合格。

(14)检查炉前置换氮气压力、流量、纯度是否合格。

(二)正常开车

(1)开启水流喷射泵,打开氮气阀,进行炉内气体置换 30 min 以上(炉门开启状态)。

(2)开启合成炉、冷却器、降膜吸收塔冷却水阀门。

(3)分析炉内气体是否符合点炉条件。

(4)调整二合一炉 DCS 操作系统,先进行复位并挂上连锁,将氯、氢气自控调节阀状态设为手动,并分别将氯、氢气自控调节阀阀位设定为 10%、15%,将快速切断阀打开,并确认手动阀 DN150、DN50 氯氢气阀全为关闭状态,用旁路 DN50 氯氢阀点炉。

(5)点火:打开引火管供气阀点燃引火管,将引火管从炉门插入炉内,迅速关闭氮气阀,开启氢气阀,炉内氢气火焰正常燃烧时,缓慢开启氯气阀,调节供气量,至火焰呈青白色时退出引火管,关闭炉门。

（6）待二合一炉各指标、温度、压力、氯化氢纯度稳定后（氯气进炉流量600 m³/h左右时），根据实际分析数据核算氯氢配比系数；将手动操作调整为自控操作。

（7）在点火的同时开启吸收水阀门。

（8）燃烧稳定后，测定酸浓度，调节吸收水流量。

（9）经常观察合成炉、冷却器、吸收器冷却水出口温度和酸出口温度，及时调节冷却水量。

（10）当氯化氢纯度合格后，将氯化氢送往氯乙烯装置，先打开去氯乙烯装置的氯化氢总管阀门，根据需要逐步调小（或关闭）氯化氢上塔阀门，同时调节降膜吸收塔吸收水量、水流泵的水量。根据氯乙烯的需要流量，随时增大或减少氯、氢流量，并保持氯化氢质量合格，输送压力稳定。

（三）停车操作

1. 计划停车

（1）停车前应与有关部门联系后，打开或开大送吸收塔氯化氢阀门，关闭送转化HCl阀门。

（2）接到停车通知后，与氯、氢处理工序联系，逐渐减少氯、氢供气量，火焰保持青白色，最后同时关闭氯、氢气阀门，打开氢气排空阀，开启置换氮气阀，使炉内呈平压或微正压。

（3）关闭吸收水阀门。

（4）关闭冷却水阀门，待冷却水温度降至30 ℃左右时，打开冷却水放净阀，排净设备内冷却水，严防冻坏设备。

（5）熄火30 min后打开炉门，关闭氮气阀门，断开氢气供气管，严防氢气供气阀漏气；打开炉门30 min后关闭水流喷射泵。

2. 紧急停车

发生以下情况需紧急停车，同时关闭氯、氢供气阀门，迅速通知相关部门，采取相应措施。熄火后按正常停车步骤进行。

（1）氯、氢气压力快速下降或大幅波动，经联系仍不能回升。

（2）防爆片破裂。

（3）大量液体进入炉内。

（4）大量有毒气体外溢经处理无效。

（5）冷却水压力过低或突然停水。

（6）原料气纯度达不到指标，经联系无效。

（四）注意事项

（1）点炉前必须进行氮气置换和炉内气体分析。

（2）生产过程中严密注意冷却水压力，严防供水不足。

（3）经常观察设备结垢情况，必要时进行清洗。

（4）切勿超温、超压、超负荷运行。

三、生产中的不正常现象及其处理方法

生产中的不正常现象及其处理方法见表4-2。

表4-2　　生产中的不正常现象及其处理方法

序号	现象	原因	处理方法
1	点火时火管伸到合成炉内突然爆炸	氢气和氯气阀门漏气，在炉内形成爆炸性混合气体	停止点火，开水力喷射泵将炉内气体抽除，并检查阀门
2	点火时氢气已点着，开氯气时突然有爆炸声而熄灭	氯气阀门开启过快，将火焰冲熄，炉内氯气中含氢气高而爆炸	应慢慢开启氯气阀门，待火焰正常后，逐渐开大氯气阀门
3	点火时火管放到灯头上，开氢气阀门时突然爆炸	氢气阀门开得太快，大量氢气与空气形成爆炸性气体	应慢慢开启氢气阀门，待点着火后再开大些
4	第一次点火不着，第二次再点火时合成炉吸收塔发生爆炸	合成炉、吸收塔内仍有大量氯氢混合物，点火时引起爆炸	第一次点火不着，应将炉内抽空30 min分析合格后，才能第二次点火

续表 4-2

序号	现象	原因	处理方法
5	氢气回火,火焰窜动无定向,并且炉内有爆鸣声或氢气防爆膜爆炸	氢气纯度下降: (1)电解停电 (2)电解降电流 (3)泵前负压系统密封不良 (4)负压系统严重积水 (5)氢气阻火器堵塞或氢气管负压、炉压过高	立即停车: (1)待电解送电 (2)通知氯氢处理调节 (3)通知氯氢处理检查系统密封 (4)通知氯氢处理排出负压系统积水 (5)停车处理阻火器
6	氯气回火(火焰无定向)氯气管发热	氯内氢高于 0.4%	立即停车,通知电解工段,降低氯内氢
7	点着火后调节氯气阀门合成炉灯头有光亮而无火焰	系统抽力过小,氢气阀门开启过小	开大水流泵水阀及抽气阀门,慢慢开大氢气阀门
8	火焰跳动严重,火焰时明时暗,压力表剧烈波动	(1)氯化氢管道堵塞或过小 (2)合成炉底积酸严重 (3)阻火器堵塞或氯氢压力波动	(1)改大管线,疏通管道 (2)排除积酸 (3)堵塞严重停车处理,压力波动时通知氯氢处理调节好压力
9	火焰飘动无力	(1)入炉气量小(主要氢气量小) (2)炉后阻力太大	(1)增加入炉气量 (2)减少炉后阻力,石墨冷却器堵塞时用水清洗,氯乙烯阻力大时,通知氯乙烯降阻力

续表 4-2

序号	现象	原因	处理方法
10	火焰由青转红并有浓黑烟	氯过量	减少氯入炉量或增加氢入炉量
11	合成炉火焰不均匀有青绿色和火红色	合成炉灯头不好或已坏,使氯氢混合不均匀、燃烧不完全	停炉检修
12	灯头发热	燃烧器渗漏,灯头安装歪斜或已烧坏	停炉更换调整灯头
13	合成炉烧红穿孔	(1)负荷过大 (2)过氯严重 (3)氯气、氢气含水过多 (4)灯头安装偏斜	停炉检修
14	氢气防爆器(缓冲罐)有响声	(1)氢气压力波动 (2)防爆器积水	(1)与氯氢处理联系解决 (2)定期放水
15	电解直流电已停下,但氢压还很高,合成炉火焰为粉红色,氢气管发热、发红	直流电停后,氯氢处理未及时将氢气泵停下,故系统抽入大量空气形成可燃性气体在管内燃烧,这种现象容易引起回火爆炸	在停直流电后应马上停氢气泵,炉前氯、氢阀门慢慢关闭
16	合成炉开车后氯(或氢)气操作阀前压力高而进炉气量小	阀门堵塞,倒装阀芯脱落,阻火器堵塞、孔板堵塞	不能维持生产时停炉处理清除堵塞物
17	尾气着火	氢气过量太多	氢气微过量操作

续表 4-2

序号	现象	原因	处理方法
18	空气冷却器散热管穿孔	合成炉负荷过大,散热温度过高,或温度过低,HCl 与水生成盐酸腐蚀散热管	控制流量,不要超负荷生产、温度低时,增加负荷或把散热管缩短
19	炉火突然熄灭	(1)入炉氢气断;氢泵停或氢管冻结;冷凝器积水;阻火器堵塞等 (2)炉顶防爆膜破裂落下,覆盖灯管	(1)通知氯氢处理重新启动氢气泵,检查管道、设备、排除积水、疏通堵塞部分 (2)停炉处理取出覆盖物,换防爆膜
20	炉压力波动	(1)氯氢气压力波动 (2)石墨冷却器积酸或部分堵塞 (3)氯乙烯转化部分阻力大	(1)通知氯氢处理稳定压力 (2)及时排酸或清洗石墨冷却器 (3)减小阻力
21	盐酸浓度低	(1)进吸收塔水量过大 (2)HCl 气体进吸收塔温度过高 (3)吸收效果差	(1)降低吸收水量 (2)开大石墨冷却器、降膜塔冷却水量 (3)检查降膜塔
22	酸浓度高	(1)吸收水量小 (2)过负荷操作	(1)增加吸收水量 (2)降低合成负荷
23	进入吸收塔水量不够或无水	(1)水压太低 (2)转子或阀门堵塞,阀芯脱落	(1)与动力联系提水压 (2)清洗转子更换阀门

续表 4-2

序号	现象	原因	处理方法
24	吸收塔积酸	(1)水流泵抽力过大 (2)出酸管堵塞	(1)减少水流泵水量 (2)清除堵塞物
25	出酸温度高,尾气温度高水流泵下水酸度大	(1)成品酸浓度过高 (2)冷却水开得太小 (3)水流泵抽力过大 (4)酸浓度太低	(1)开大吸收水量 (2)开大冷却水量 (3)减少水流泵水量 (4)减少吸收水量
26	贮槽(或浓酸罐)冒烟雾	(1)盐酸浓度高 (2)出口酸温度太高 (3)压冷凝酸时窜入HCl气体 (4)炉压高,酸封冲	(1)降低酸浓度 (2)降低出酸温度 (3)压酸经常观察,不能把液面压空 (4)降低合成炉负荷或调整吸收水量

第五章　液　氯

第一节　液氯的性质

一、液氯的基本性质

液氯,化学名称液态氯,分子式 Cl_2;分子量 70.91。

液氯为黄绿色的油状液体,有毒,在 15 ℃时比重为 1.425 6,在标准状况下,－34.6 ℃沸腾。在－101.5 ℃时凝固,如遇有水分对钢铁有强烈腐蚀性。液氯为基本化工原料,可用于冶金、纺织、造纸等工业,并且是合成盐酸、聚氯乙烯、塑料、农药的原料。

二、生产液氯的主要目的

(一)制取高纯氯气

由电解槽出来的氯气,纯度约为 96%,另外还含有二氧化碳 (CO_2)、氧气 (O_2),氮气 (N_2) 和氢气 (H_2) 等杂质。由于氯干燥系统采用负压生产工艺,因此在生产过程中又不可避免有空气渗入。而有些氯产品又必须采用高纯氯作为原料,如氯化石蜡、过氯乙烯、四氯化碳等。若在一定压力和温度下,使气态氯冷凝成液态,则可使原料氯气中的一些低沸点杂质得到分离,从而达到提纯氯气的目的。

(二)缩小体积,便于贮存和输送

在常温、常压下,同样重量的气体和液体的体积相差甚大,如在 0 ℃,0.1 MPa 时 1 t 气态氯的体积为 311.14 m^3,而液态氯仅为 0.68 m^3,相差 457 倍。因此,利用液氯进行贮存或长距离运输既经济又方便。

(三)平衡生产

由于氯气是一种具有剧毒的刺激性气体,因此在生产过程中,必须

保持氯气产量和用量之间的平衡与各产品生产的平稳,如果某一部门发生故障,就必须将多余的氯气进行液化。因此,为了使生产有一定的缓冲能力,在各氯碱厂中,必须要配备一定能力的液氯生产装置以平衡生产。

第二节　氯气液化的工艺原理

一、氯气液化的条件

如果将气体压缩同时降低温度,就可以将其冷凝为液体。在此时,温度的降低使分子的动能降低,从而减少了分子互相分离的趋势,压力的增大,分子间的距离减小,引力就增大。当压力增大、温度降低到一定程度时,气体分子便凝聚为液态。为了使分子的动能减小到不大于分子间的引力,必须使温度降低到一定的数值以下。所以,气体液化有两个条件:

(1)把温度至少降低到一定的数值以下,这个温度称为临界温度,用 T_c 表示;

(2)增加压力。在临界温度下使气体液化必需的最小压力,称为这气体的临界压力,用 P_c 表示。

氯气的 $T_c = 144\ ℃$,$P_c = 7.61\ MPa$。也就是说,只要温度低于 144 ℃,在相应的压力下,均可以使氯气液化。

生产中,在一定压力下总是用降低温度的方法使氯气液化。从表 5-1 中可以看出,当绝对压力在 0.2 MPa 时,纯氯气的液化温度为 −15 ℃。如果欲使氯气在常温下液化,则氯气的压力必须大于 0.8 MPa。但是,由于从电槽出来的氯气中还有其他气体,所以实际液化温度要比表中所列的值为低。尤其在液化过程中,不凝性气体含量会不断升高,使液化温度更低。

二、氯气液化的方法

液氯生产目前有以下三种主要方法:

（1）高温高压法。氯气压力大于或等于 0.8 MPa，液化温度为常温。

（2）中温中压法。氯气压力控制在 0.4~0.8 MPa，液化温度控制在 -5 ℃左右。

表 5-1　液氯的饱和蒸气压

温度（℃）	饱和蒸气压（MPa（绝））	温度（℃）	饱和蒸气压（MPa（绝））
-50	362.0 mmHg	30	0.871
-40	595.0 mmHg	35	0.997
-35	745.0 mmHg	40	1.128
-34.5	760.0 mmHg	45	1.268
-30	0.123	50	1.432
-25	0.151	55	1.554
-20	0.183	60	1.782
-15	0.226	65	1.974
-10	0.263	70	2.186
-5	0.312	75	2.415
0	0.369	80	2.658
5	0.431	85	2.921
10	0.502	90	3.195
15	0.576	100	3.795
20	0.666		
25	0.759		

（3）低温低压法。氯气压力小于或等于 0.4 MPa，液化温度小于 -20 ℃。

生产方法的选用主要根据不同要求，如果为了降低冷冻量的消耗以节约能源，可采用中温中压法或高温高压法。但其安全要求高，设备和管线必须符合高压氯气的要求。如果从液氯的质量和安全生产考虑,则以低温、低压法为宜,但必须配备双级制冷设备,以满足其液化温度。目前国内大部分工厂采用低温低压法生产液氯。

三、液化效率

原料氯气中含氢 0.4% 左右,由于氢气的沸点低(-252.5 ℃)不易被液化。随着氯气的液化,在尾气中氢气的含量就会不断升高,以致达到氯氢混合气体的爆炸范围。所以在液氯生产过程中,规定尾气中氢气的含量不能超过 4% 。因此,氯气的液化程度就受到一定的限制。

氯气的液化程度通常称为液化效率。它是液氯生产中的一个主要控制指标,是表示已被液化的氯气的质量与原料氯气中氯气的质量之比。液化效率常用 $\eta_{液化}$ (%)表示:

$$\eta_{液化} = \frac{液氯的质量}{原料氯气中氯气的质量} \times 100\% \qquad (5\text{-}1)$$

由于在尾气中除氢气外,还含有其他不凝性气体,很难计量。因此,在实际生产中往往测定原料氯气及尾气中的氯气纯度,来计算液化效率。

设 W_1、W_2 分别为原料氯气及尾气的质量,C_1、C_2 分别为原料氯气及尾气的纯度。

则

$$\eta_{液化} = \frac{W_1 C_1 - W_2 C_2}{W_1 C_1} \times 100\% = \left(1 - \frac{W_2 C_2}{W_1 C_1} \right) \times 100\% \qquad (5\text{-}2)$$

因为液化前后不凝性气体的质量不变,故 $W_1 (100 - C_1) = W_2 (100 - C_2)$

即

$$W_2 = \frac{W_1 (100 - C_1)}{100 - C_2} \qquad (5\text{-}3)$$

代入式(5-2)得

$$\eta_{液化} = \left(1 - \frac{W_1 (100 - C_1)}{100 - C_2} \times \frac{C_2}{W_1 C_1} \right) \times 100\%$$

$$= \left(1 - \frac{100 - C_1}{C_1} \times \frac{C_2}{100 - C_2} \right) \times 100\% \qquad (5\text{-}4)$$

离子膜电解槽产生氯气的纯度可达 99%,且含氢极低,所以在生产液氯时,其液化效率可达 95% 以上。

第三节　液氯生产的工艺流程

一、氯气液化的生产方法

(1)高温高压法。氯气压力大于或等于 0.8 MPa,液化温度为常温。

(2)中温中压法。氯气压力控制在 0.4 ~ 0.8 MPa,液化温度为常温。

(3)低温低压法。氯气压力小于或等于 0.4 MPa,液化温度小于 -20 ℃。

由于我国大多数氯碱厂都采用低温低压法生产工艺,因此这里也主要介绍该工艺的生产过程。

二、氯气的净化

出电解槽的氯气带有不少杂质,虽然在氯气干燥工序已得到净化,但难免仍有少量杂质混在氯气之中,再加上从氯气泵输送出来的氯气中又夹带了一定量的酸雾,这些杂质的存在不但要堵塞管线和设备,而且还会影响液化效率和腐蚀设备,甚至产生不安全因素而危及生产,因此必须在进入液化器之前予以除去。氯气可采用酸雾捕集器净化。

三、氯气的液化

氯气液化过程基本上可分成两个系统。一个是致冷剂(例如氨或 R–22)汽化释放冷量的制冷系统;另一个是氯气获得冷量被冷凝为液态的液化系统。在液化器内两个系统同时存在,进行间接或直接的热交换。这两个系统配合的好坏,将影响到冷冻量的消耗,液化效率的高低和尾氯纯度及含氢多少。因此,氯气液化过程是液氯生产中的关键,目前在生产中使用的液化器有方箱式液化器和列管式液化器等。

四、尾氯处理

液化后的尾氯中,氯气含量较低,国内目前大都用来制造盐酸、次氯酸钠、氯酸钾等产品。

五、液氯的贮存和包装

由于氯是一种剧毒物质,因此液氯的贮存和包装必须考虑安全因素。就贮存而言,若存量过多,一旦发生意外则后果不堪设想。若无贮存能力又势必给平衡生产造成困难。

目前,国内贮存液氯大多数采用小容量卧式贮槽,最大贮量不超过100 t。

目前,国内外大多数生产厂采用屏蔽泵或液下泵压送液氯进行包装,其中液下泵压送液氯进行包装的工艺流程见图5-1。

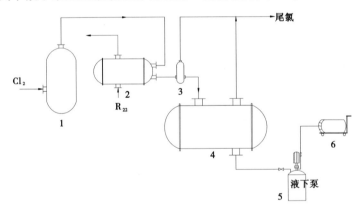

1—氯气酸雾捕集器;2—液化器;3—尾气分离器;4—液氯贮槽;5—液下泵;6—钢瓶

图5-1　液氯生产工艺流程

六、液氯生产工艺

经氯氢处理工段处理后的干燥氯气通过原氯分配台,经酸雾捕集器去除酸雾及其他杂质后,原氯进入氟利昂制冷系统的液化器,大部分氯气在此被冷凝为液体,出液化器,经气液分离器进行分离。液态氯因比重大,通过分离器底部利用位差注入液氯贮槽,槽内的气体因容积的改变经槽上的平衡管送往盐酸工段,在气液分离器上部的氯气和平衡管内的氯气一道经尾氯调节阀,送往盐酸工段合成氯化氢。

当液氯贮槽内的液氯进到一定位置后,停止进氯。打开贮槽下部出液阀,将液氯送至充装系统中间槽,用液下泵打压至 0.8 ~ 1.0 MPa,经计量充入用户钢瓶出售。

第四节 主要工艺控制指标

原氯纯度≥95% 8 次/班 　　氯中含水≤400 mg/L 　　 1 次/天

原氯中三氯化氮含量≤40 ppm 　　原氯含氢≤0.4 % 　　　 8 次/班

原氯压力 0.11 ~ 0.13 MPa(850 ~ 1 000 mmHg)

尾氯纯度≥85% 4 次/班 　　液氯纯度≥99.6% 　　　 1 次/天

液化器氟出口温度 -10 ~ -35 ℃ 气液分离器温度 -10 ~ -26 ℃

液化器氟压力 0.05 ~ 0.15 MPa 　　充装压力 0.8 ~ 1.0 MPa

尾氯含氢≤3% 4 次/班 　　液氯贮槽贮存量≤80% V

充装量误差 ±5 kg 　　液氯含水量≤300 mg/L 一次/月

液化效率84% ~ 92% 　　液氯中三氯化氮含量≤40 mg/L

第五节 主要生产设备

一、液化器

列管式液化器有立式和卧式(见图 5-2)两种。其结构与一般的列管式热交换器相似,用于氨制冷的一般管程内走氯气,壳程内走氯化钙水溶液,用于氟利昂制冷的则管内走氯气,壳程内大部分容积被 R22 溶液所充满,小部分空间为 R22 的汽化空间。

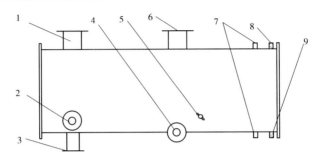

1—氯气进口;2—不凝气体排放口;3—液氯出口;4—液态 R22 进口;5—排油门;
6—气态 R22 出口;7—液态 R22 排放口:8—气氯排放口;9—液氯排放口

图 5-2　约克列管液化器(卧式)

二、液氯钢瓶

我国液氯基本上都采用钢瓶包装,常用的容量有 1 t 和 0.5 t 两种。由于液氯在常温下易汽化,因此液氯钢瓶是一种受压容器。但它又不同于一般的受压容器,它没有固定的位置,流动性大。因此,安全使用液氯钢瓶在液氯生产中很重要。在液氯钢瓶的制造、充装、运输、使用等过程中,必须严格遵守"气瓶安全监察规程"中的各项规定。

液氯钢瓶(见图 5-3)多以 16Mn - R 钢制造,其外形为圆筒形。两端是椭圆形封头,封头上开孔并焊有内螺纹的塞座和阀座,以装上丝堵和钢瓶阀。在瓶身上焊有保护圈围住以防撞击。钢瓶阀还必须有专用的安全帽,瓶内有两根方向相对的导管供氯气进出之用,瓶子外表面应涂有标准规定的绿色油漆,液氯钢瓶装有前后保护圈,防止瓶阀受到外力撞击而损坏。

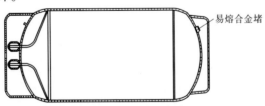

易熔合金堵

图 5-3　液氯钢瓶的结构

第六节　液氯工序基本操作

一、开车操作

(一)开车前的准备工作

(1)详细检查所有管道、设备是否畅通、完好,仪表是否正常。

(2)将系统所有阀门关闭。

(3)做好氟利昂制冷系统的开车准备工作。

(4)将液化器、液氯进料贮槽并入氯平衡系统,即打开液化器的进氯阀,打开气液分离器上阀门(即尾氯出口阀),打开液氯进料贮槽的进料阀和平衡阀门。

(5)通知盐酸工段输送氯气,并做好尾氯处理工作。

(二)正常开车操作

(1)接到调度通知开车后,与盐酸工段、次氯工段联系,全开氯系统至次氯工段尾氯阀。

(2)电解槽通电后随着电流向上升,注意原氯压力,通知分析工,对原氯纯度进行分析。

(3)待原氯纯度达到75%以上、含氢≤0.4 %时,启动制冷机组,同时调小尾氯阀,确保原氯压力在 0.11 ~ 0.13 MPa(850 ~ 1 000 mmHg)。

(4)全开液氯进料贮槽平衡阀、进料阀,检查液氯进料情况。

(5)开车正常后对设备、阀门、压力、温度、液面等进行全面检查,并对原氯纯度、尾氯纯度、原氯含氢每小时分析一次。

(三)正常生产操作

(1)做好制冷系统的正常生产操作。

(2)进料液氯贮槽液面升至80%时倒槽,倒槽前检查空槽的压力是否处于工作压力,检查加压阀及充装阀是否关闭,开启空液氯贮槽的平衡阀及进料阀,再关闭满槽的进料阀。

(3)液氯的充装操作:

本工段液氯充装采用液下泵充装,按液下泵操作规程执行。

(4)贮槽的排污操作:

①液氯贮槽在一般情况下,每天排污一次,随着产量增加排污次数可增加。

②开贮槽底部排污阀门2~5 min后及时关闭。

(5)液化器、气液分离器,每日零点班排污一次。

(6)酸雾捕集器每日8点班排污一次。

(四)停车操作

1.正常停车操作

(1)暂时停车:

①通知次氯酸钠工段,启动尾气处理装置做好停车准备。

②做好制冷系统的暂时停车工作。

③氯气不被液化后,原氯压力提高,可开大尾氯阀。

④电解槽电流降完后,关闭原氯进液化器的阀门,关闭贮槽进料阀。

⑤待氯压表为零时,关闭尾氯阀。

(2)长期停车:

①必须将贮槽内的液氯全部充装或送用氯单位,并与用氯单位联系好停车准备工作。

②做好制冷系统的长期停车工作。

③清洗设备时,要关闭所有的阀门,待抽成真空后,再进行检修。

2.紧急停车操作

(1)氯氢处理工段、电解工段紧急停车或停电,立即关闭进液化器的原氯阀门,液下泵使用紧急密封(全公司停电的情况下),通知氯氢处理工段。

(2)做好制冷系统紧急停车工作。

(3)待停车半小时后,关闭液氯进料贮槽进料阀。

(4)充装岗位发生故障时,应立即关闭去液氯充装的阀门,停止加压,停液下泵。

二、液氯螺杆压缩机组操作

（一）开机前准备

（1）打开氟利昂冷凝器、油冷却器进水阀门,打开冷却水进出口阀向机组送水。

（2）打开压缩机至油分离器排气总阀,打开油分离器至冷凝器排气总阀。

（3）打开油冷却器至油泵出口总阀,打开油分配总管进油阀。

（4）打开冷凝贮液器出液总阀、经济器旁通阀、液体氟利昂出口总阀,将供液阀门组阀门打开,并确认供液电磁阀门处于开启状态,使液态氟利昂至液化器形成一个通道。

（5）开气态氟利昂管道总阀。

（6）检查各安全阀,截止阀处于开启状态。

（7）开启油分离器至压缩机回气管路截止阀。

（8）开启压缩机机体至排气总管截止阀。

（9）检查各电气仪表处于良好工作状态。

（10）盘车、确认压缩机转动灵活。

（二）开车操作

（1）启动油泵,调节能量调节装置至"减荷",压缩机能量减至零位,将能量调节手柄调至"定位",查油压表,并盘车,确认油泵已上油。

（2）按主机启动按钮,启动主机,待指示灯从"主机启动"跳"主机运转"时略开启机组吸气截止阀 1 ~ 2 圈,观察主机运转正常后,将能量调节手柄调至"增载",能量显示约为 20% ,将手柄拨至"定位",渐开启压缩机组吸气总阀至全开,完成主机启动运行。

（3）根据生产需要调节压缩机能量直至 100% 。

（三）停车操作

1. 正常停车

接停车命令后,按下列程序停车:

（1）将压缩机能力减至 20% ~30% 。

（2）调小直至关闭贮氟器出液总阀,出液总阀是否关闭视压缩机排气压力而定。如排气压力高,不许将出液阀关严,如停车时经济器在使用状态,应将经济器退出使用,并在拉空过程中将经济器出液阀打开,将经济器管程液态氟利昂拉出。

(3)待压缩机吸气压力减至表压"0"时"按停止按钮,停止主机运转。

(4)待压缩机对轮停止转动完全静止后,按油泵停止按钮,停止油泵运行。

(5)关闭贮氟器出液总阀、供液阀门组总阀、机组总阀、机组吸气总阀。

(6)关进、出口阀,停止向机组供水。

(7)长时间停车时,要求电工切断压缩机总电源。

2. 紧急停车

如遇到危及人身安全或其他必须紧急停车的事故时,立即按主机停止按钮,停止主机运行。其他停车步骤与正常停车相同。

(四)控制指标

吸气压力 0.05 ~ 0.15 MPa　　排气压力 ≤ 1.45 MPa

油总管温度 30 ~ 55 ℃；　　　液化器氟出口温度 −10 ~ −35 ℃

$1^\#$机组、$3^\#$机组和 $4^\#$机组油压大于排气压力 0.15 ~ 0.3 MPa

$2^\#$机组油压:小于排气压力 0.1 ~ 0.18 MPa

油分离油位:油分离器视镜 1/3 至 1/2　液化器氟压力 0.05 ~ 0.15 MPa

排气温度 ≤ 105 ℃　　　　　　　液化器原氯压力 ≤ 0.2 MPa。

(五)安全注意事项

(1)开机前必须通入冷却水。

(2)涉及电气故障必须由专业人员处理。

(3)压缩机运转时,不准将手或其他部位接近压缩机转动部位。

(4)长时间停车,压缩机组停电或开始送电时,应由电工操作,不准自行操作。

三、液氯充装液下泵操作

液氯液下泵的操作人员、保全人员及有关技术人员,都必须在使用该泵前详细阅读操作规程,保证充分理解,并严格按照规程进行操作。因为,任何模糊的概念、错误的操作,都有可能使该泵受到不同程度的损坏,严重者,还可能发生机毁人亡的事故。因此,有关人员有必要对操作规程的有关事项牢记在心,并在具体操作前制定好完善的程序。总之,正确的操作、认真的保养会保证安全生产。同时,泵的使用寿命也会大大延长。

(一)液下泵启动前的准备工作

(1)检查所有阀门,液氯中间槽阀门(进料阀、平衡阀、充装阀、回流阀、排污阀、抽空阀)开关状态,贮槽阀门开关状态,仪表处于正常状态,干燥空气压力达到规定值。

(2)检查主轴承箱油位处于标准位置(6 个月更换一次同型号机油)。

(3)用手盘动联轴器,泵转子应转动自如,无阻力摩擦现象。

(4)用高于液氯中间槽压力 0.05 ~ 0.15 MPa(表压)的密封气体对密封箱进行加压,密封气体压力应控制稳定,并在规定值范围内。

注:

①密封箱气体充压的作用是为氯气和大气之间加一安全气体屏障。当密封气压力过低时,会有氯气进入密封箱,从而使泵失去了安全气体的屏障保护,当压力过高时,机械密封会因比压过大而迅速损坏。同时,密封气的损耗也大。

②密封箱必须始终保持规定的压力,即使泵停止工作也要保持,此时,一些氯气和密封气的混合气体将通过回收管路送至回收系统。

(5)确认紧急停车密封气源供气阀是关闭的,而排气阀是开启的。

(6)液氯中间槽中加入足够的液氯,以保证泵所需要的净吸压差,防止泵产生气蚀或空转。

(7)检查各压力表显示的数值,必须保证在规定值范围内。

(二)泵启动

准备工作完成后泵就可以启动了,程序如下:

(1)关闭出液口阀门,打开中间槽平衡阀和与之相连的贮槽上的原加压阀。

(2)打开贮槽下部出液阀,再手动打开调节阀,向中间槽进料至规定液位。

(3)通知充装岗位做准备。

(4)启动电机(确认电机运转方向正确),检查声音和振动有无异常,打开中间槽充装阀,充装岗位打开钢瓶进料阀,通过调节回流阀,控制出口压力至规定值(0.8~1.0 MPa),同时,允许最大电流值为42.5 A。

(5)定时巡回检查。

(三)停机

(1)在中间槽内物料即将包完或其他异常情况下,通知充装岗位准备停泵。

(2)关闭液氯钢瓶进料阀。

(3)关闭泵出液口充装阀,再停液下泵,然后关闭回流阀。

(4)密封气体和所有仪表都必须依然保持工作状态。

(5)关闭液氯贮罐加压阀、下部出液阀。

(四)紧急密封的使用

(1)作用:

①当紧急密封以上部位需要维修时,可实现有氯维修,节约维修时间和工作量。

②当中间槽有氯,并需要长时间停机时,可节省密封气。

③因系统问题造成密封气压力不足时,可临时阻断氯气进入密封箱。

(2)工作原理:紧急密封是由密封座、密封囊和压紧法兰组成的,密封囊是由橡胶材料制成的,工作时通过导管充一定压力的气体,使密封囊膨胀,将轴紧紧抱死,从而起到密封作用。

(3)紧急密封使用前,调整氮气钢瓶气体压力至中间罐压力 +0.5 MPa,压力过低,密封失效;压力高,橡胶囊会爆炸。注意保持压力稳定。

(4)采用压力 >10 MPa 的瓶装氮气作为紧急密封气源。

(5)因需要维修使用紧急密封时,必须在橡胶囊充压后,用密封气体对密封箱进行置换,以排出残留的氯气。然后关闭回收气体管路上的阀门,避免回收系统管路中的氯气回流。

(6)泵正常运转时,紧急密封进气阀保持关闭,排气阀保持常开。

注:①紧急密封所使用的气源不允许与密封气同源。

②紧急停车密封在使用时,必须待转子完全停止才能进行,橡胶囊一旦充压,就绝不允许转动转子;否则密封将立刻损坏和失效。

(五)排污

打开中间槽底部排污阀,排污结束时,先关闭中间槽下部排污阀,然后关闭排污缓冲罐前阀门。

(六)泄压

当中间槽或其他液氯贮罐压力高时,由于其氯气纯度高,可通过缓慢打开中间槽和贮槽之间的平衡阀(贮槽上的原加压阀)向氯气系统泄压。

(七)液下泵不正常现象及处理

液下泵不正常现象及处理见表5-2。

表5-2　液下泵不正常现象及处理

序号	现象	原因	解决
1	轴承过热	(1)油黏度过低或过高 (2)油有杂质 (3)油含水 (4)轴承损坏 (5)联轴器不同心 (6)油位过低	(1)选择适当黏度的机油 (2)多次更换机油,冲洗 (3)更换机油 (4)更换轴承 (5)调整联轴器或电机 (6)补充油
2	噪声振动大	(1)轴承损坏 (2)轴承没有紧靠轴肩 (3)电机或联轴器不同心 (4)出液管路固定不好 (5)泵体主要部件同轴度差 (6)滑动轴承磨损严重 (7)泵不垂直 (8)液体冲击 (9)电机轴承损坏 (10)叶轮偏磨	(1)更换轴承 (2)重新安装轴承 (3)调整 (4)单独固定出管 (5)重新校正 (6)更换滑动轴承 (7)重新校准垂直度 (8)换粗的出液管 (9)修电机 (10)更换叶轮、口环

续表 5-2

序号	现象	原因	解决
2	噪声振动大	(11)气蚀 (12)叶轮不平衡 (13)静环磨损 (14)密封漏气 (15)密封弹簧失效 (16)密封面脏 (17)密封比压过高或过低	(11)增加液氯液位 (12)叶轮找动平衡 (13)重新调整密封 (14)调整密封气压力 (15)清理杂质或更换弹簧 (16)清洗密封面 (17)调整密封比
3	扬程流量异常	(1)泵阻塞 (2)容积损失过大 (3)流量过大 (4)泵转向不正确 (5)转速不够 (6)气蚀	(1)清洗 (2)更换轴承和滑动轴承 (3)调整出口阀门 (4)调整转向 (5)调整电压 (6)增加液氯存量
4	电机运行电流过大	(1)流量超出额定值太大 (2)轴承损坏 (3)轴弯曲变形 (4)叶轮与泵壳接触磨耗 (5)机械密封比压过大 (6)填料密封环压得过紧 (7)轴套(轴)与滑动轴承间隙过小	(1)调整出口阀门 (2)更换轴承 (3)轴校正或换轴 (4)更换滑动轴承、口环 (5)重新调整密封 (6)松开手柄 (7)更换原厂配件
5	滑动轴承过早磨损	(1)泵空转、气蚀 (2)自润滑管路阻塞 (3)转轴弯曲 (4)泵同心度不准 (5)轴套(轴)有伤痕 (6)含杂质过多 (7)泵振动	(1)增加液氯液位 (2)冲洗管路 (3)换轴 (4)重新安装 (5)修复或更换轴套 (6)过滤 (7)查找其他原因

四、充装岗位操作

（一）充装系数概述

充装系数就是单位体积的充装量。它是液化汽瓶充液计量的一个重要技术参数,液氯钢瓶的充装系数为1.25 kg/L。

若在 -30 ℃时进行包装,由于 -30 ℃时液氯的密度为1.546 8 kg/L,因此钢瓶的充装率为80.6%,钢瓶受到的压力为0.123 MPa。当钢瓶在室温的条件下放置(假定室温为30 ℃),由于液氯受热膨胀,此时液氯的密度为1.379 9 kg/L,钢瓶的充装率为90.7%,钢瓶受到的压力为0.871 MPa。当液氯温度升高到68.8 ℃时,此时液氯的密度为1.250 kg/L,钢瓶空间被液体所充满,容器内的气体空间为零,这种状态称为"满液"。液氯的饱和蒸气压为2.0 MPa,达到钢瓶的设计压力。若温度继续上升,则钢瓶内壁不仅要承受液氯的饱和蒸气压力,还要受到由于液氯体积膨胀产生的压力,这样就超过了钢瓶的设计压力而爆炸。为了避免由此而出现的危险情况,必须严格按照充装系数进行包装,严禁过量充装。

表5-3 列出了500 kg 液氯钢瓶超装后的危险温度。

表5-3　超装后的危险温度

充装量 （kg）	超装量 （kg）	液氯膨胀后充满钢瓶时 的温度(℃)	钢材开始屈服时的温度 （℃）
500	10	78	79～81
510	10	69	74～75
520	20	66	67～68
530	30	59	60～61
540	40	51	53～55
550	50	45	46～49
560	60	37	40～41
570	70	31	32～34
580	80	24	25～26
590	90	15	16～19
600	100	8	8～10

表5-4 列出了液氯钢瓶在 0 ℃时,满量充装后随温度升高压力增加的情况(假定钢瓶容积不变)。

表5-4 液氯钢瓶在 0 ℃满量充装后随温度升高压力增加情况

(假定钢瓶容积不变)

温度(℃)	ΔP(MPa)	平均每升高 1 ℃ΔP(MPa)	比正常工作压力增加倍数
0	—	—	—
5	7. 25	1. 45	17. 1
10	14. 21	1. 42	28. 6
15	20. 68	1. 39	36. 7
20	27. 21	1. 36	41. 4
25	32. 96	1. 32	44. 0
30	38. 45	1. 28	44. 7
35	43. 50	1. 25	44. 2
40	48. 04	1. 21	43. 1
45	52. 41	1. 16	41. 9
50	56. 47	1. 13	39. 9
55	59. 92	1. 09	39. 1
60	62. 71	1. 04	35. 7

(二)充装操作基本操作

1. 充装前操作

(1)将电子秤校正准确,将检查合格的钢瓶吊到电子秤上,接好充装管;

(2)通知次氯工段。

2. 充装操作

(1)通知液氯操作岗位人员使用液下泵(打开槽加压阀下部出料阀);

(2)启动真空泵,做好气瓶抽负压工作,准备启动液下泵;

(3)启动液下泵;

（4）挂上填好的标签（净重、皮重、总重、年、月、日、充装人、电子秤编号等），做好充装记录（内容按表格内容填写）；

（5）先检查钢瓶的气相阀门及抽空台上真空阀是否关闭，然后打开钢瓶充装阀，再开充装台上（三通）的充装阀开始充装；

（6）在充装时，电子秤要有专人负责，要注意钢瓶温度变化，如有发热现象应立即停止充装，搬运时最好不要滚动，把三通真空阀打开抽气瓶气相阀出来的气体，并和调度联系，如温度继续上升，要用冷却水冷却，加大真空量，一直使气瓶温度下降到与室温相同后，停止降温，关掉真空阀，要根据当时情况对此瓶进行处理。

（7）时刻注意电子秤的质量变化，当达到所需的总质量之后，立即关闭三通充装阀，再关闭钢瓶充装阀，然后打开三通真空阀，把连接的充装管抽真空，卸下充装管。

（8）将吊下的重瓶吊到复检电子秤上，复验充装质量合格（±5 kg）者做好复称记录，吊到重瓶区整齐放稳；超装的抽回，不够的要补足，之后再复检并做好复检记录。

（9）发现合金堵头、瓶嘴阀体丝扣漏，就应当把液氯抽空，换掉合金堵头，找出原因再充装。

（10）充好的气瓶如针阀关不严，可用安全帽堵住，从另一瓶嘴接上放氯管将氯抽走，抽成真空换上瓶嘴再充装。

（三）停车操作

（1）当接到液氯操作岗位停止充装的通知后，应尽量将电子秤上的气瓶充装完毕，如有困难，应将充装紫铜管内的余氯抽空以免发生氯气泄漏事故，并将挂好的标签取下。

（2）停止充装后，通知次氯酸钠工段。

（四）充装岗位不正常现象及处理方法

充装岗位不正常现象及处理方法见表5-5。

五、液氯槽车充装操作

（一）充装前的准备工作

（1）检查与槽车连接管法兰。

表5-5　充装岗位不正常现象及处理方法

序号	不正常现象	原因	处理方法
1	钢瓶充氯时有氯气泄漏	接头不紧或充装管破裂	重新接好或更换充装管
2	充装速度慢	(1)管道或瓶阀堵 (2)压力不够	(1)卸下管道清洗,疏通瓶阀 (2)调节液下泵回流阀
3	卸瓶时氯气泄漏	(1)瓶阀未关严或真空阀未关闭 (2)真空度不够或抽空时间短	(1)关闭有关阀门 (2)检查并加大真空度,延长抽空时间

(2)检查槽车阀门、压力表及安全附件是否准确完好。

(3)了解车内液氯质量、压力及气密性试验情况。检查槽车贮槽是否在规定的技术检验期内。

(4)打开真空阀门和槽车气相阀门,将槽车内压力抽至 0 MPa。

(5)关闭真空阀门,打开空气阀门,送干燥空气试压。

(6)试压后将废气排至废气处理或废气系统。

(7)开真空阀门抽真空至 $-20.0 \sim -26.66$ kPa。

(8)打开槽车入口阀门,检查连接法兰及填料等情况,确保无泄漏处。

(9)在无软管充装时,应使用千斤顶顶实整台槽车,防止随质量增加汽车下沉,造成充装法兰泄漏。

(10)通知液氯操作岗位应充装的量,由液氯工作人员开启液下泵(按液下泵操作规程)开始充装,或者使用空气加压法充装。

(二)槽车充装操作

(1)接到液氯操作岗位已启动液下泵或者空气加压法充装的通知后,应随时注意槽车压力及泄漏情况。

(2)同液化操作岗位一起了解液氯的充装量。

(3)当液氯充装完毕后,应及时关闭槽车阀门。

(4)将连接管抽真空后拆下,并将槽车上所有阀门上好盲板。

（5）检查封车压力≤0.59 MPa。

（6）进行槽车充装后的检查,由充装岗位负责做好记录。

（7）通知安技环保处、供销公司、技术技改工程、厂安全员、充装班长及直接参加充装的充装工到场封车,并向调度室汇报装车完毕。

六、液氯不正常现象及处理方法

液氯不正常现象及处理方法见表5-6。

表5-6　液氯不正常现象及处理方法

序号	不正常现象	原因	处理方法
1	液化效率低	（1）原氯纯度低,氯内含氢高,压力小 （2）制冷系统氟利昂少,制冷机工作效率达不到 （3）液化器污垢多	（1）通知氯氢处理工段改善原氯条件 （2）加氟利昂对制冷系统维修 （3）对液化器排污、检修
2	尾氯管结霜	（1）充装时,充装槽的进口平衡阀未关严,或者另外槽的加压阀、充装阀未关严,压力串到液氯进料贮槽 （2）气液分离器到贮槽管道不畅通 （3）计量槽的进料阀或平衡阀开的太小	（1）检查关严有关阀门,降低制冷量,对压缩机减载,对贮槽泄压 （2）停车检修 （3）开大进料阀或平衡阀
3	尾氯含氢高	（1）原氯含氢高 （2）液化效率高	（1）通知调度、电解操作人员 （2）降低液化效率,开大尾氯阀
4	液氯不进料	尾氯调节阀开启度太小	开大尾氯阀
5	贮槽平衡管结霜	（1）装量过多 （2）保温失效 （3）尾氯量过大 （4）贮槽加压时,进口阀和平衡阀未关闭	（1）立即倒槽 （2）修好保温 （3）减小尾氯量 （4）关闭进口阀和平衡阀

第六章　次氯酸钠生产

第一节　次氯酸钠的性质和用途

一、次氯酸钠的性质

次氯酸钠是含氯漂白剂之一,其他含氯漂白剂有漂白粉、漂粉精、漂白液、亚氯酸钠、二氧化氯等,能起漂白、消毒、杀菌作用。

次氯酸钠是淡黄色的透明液体,具有与氯气相似的特有臭味。一般有效氯的含量在 4.5% ~15%。

次氯酸钠很不稳定,即使在常温下也会自然分解,放出原子态氧。这氧具有强烈的氧化作用,进一步将次氯酸钠氧化成氯酸钠:

$$NaClO = NaCl + [O]$$
$$NaClO + [O] = NaClO_2$$
$$NaClO_2 + NaClO = NaCl + NaClO_3$$
$$或\quad 3NaClO = 2NaCl + NaClO_3$$

次氯酸钠溶液的稳定性在很大程度上受到热和光的影响,特别是紫外线的照射,能促使其分解。因此,次氯酸钠溶液应避光保存,且不宜久置。

溶液的 pH 值也影响次氯酸钠的稳定性。当 pH <7 时,它会发生剧烈的分解反应,并产生氯气:

$$NaClO + HCl = NaCl + HClO$$
$$HClO + HCl = Cl_2 + H_2O$$
$$NaClO + HCl = NaCl + Cl_2 \uparrow + H_2O$$

二、次氯酸钠的用途

（1）漂白剂：主要用于纸、纸浆、棉麻等纤维的漂白。

（2）消毒剂：用于上水、下水、蔬菜、果品、食品器皿、医疗器具等的消毒。

（3）化工、医药原料：例如水合肼的合成、染料的合成等。

（4）污水处理：例如工厂污水、医院污水等的处理。

三、次氯酸钠岗位任务

（1）用配制好的 12% ~15% 的烧碱溶液在两级事故氯吸收塔内进行循环，吸收系统过来的氯气。工作中应防止氯气泄漏，保护周围环境。

（2）生产次氯酸钠产品。

（3）利用 HCl 酸雾吸收塔风机产生的负压，将各种情况下需要吸收的氯化氢气体，抽吸到酸雾吸收塔内吸收，防止氯化氢气体泄漏，保护周围环境。

第二节　次氯酸钠的生产工艺原理

次氯酸钠可用化学法进行大规模生产，也可用电化学法进行少量生产。

电化学法是用电解槽产生的氯气直接水解形成次氯酸后，与烧碱反应生成次氯酸钠。电解槽一般用铂铱合金作电极。这种方法生产的量较少，浓度低。

化学法为氯碱法，氯碱法的原料为烧碱和氯气，其反应式如下：

$$2NaOH + Cl_2 = NaClO + NaCl + H_2O + 103.25 \text{ kJ/mol}$$

第三节　次氯酸钠的生产工艺流程

次氯酸钠是由烧碱与氯气反应而得的。次氯酸钠溶液的生产有间歇法和连续法两种。下面主要介绍连续法生产的工艺过程。

(1)在碱液循环槽内配制 12% ~ 15% 的烧碱溶液,使用循环液泵打压,碱液在吸收塔内循环,吸收相关岗位送来的氯气,反应后的热溶液经板式换热器交换热量后,再进入塔内吸收氯气,一直循环至循环液的 pH 值为 9 ~ 10、有效氯 5% ~ 6% 时,送至半成品罐。再经次氯反应塔吸收氯气做成合格的次氯酸钠供清净使用或销售。

反应方程式如下:

$$2NaOH + Cl_2 = NaClO + NaCl + H_2O$$

(2)在氯化氢酸雾吸收塔内加水至液面计 3/4 ~ 4/5 处,用循环泵打压,使吸收水在酸雾吸收塔内循环,利用酸雾吸收塔出口抽吸风机产生的负压,将盐酸岗位各种酸罐、取样处等地方挥发出的氯化氢气体及其他需要吸收的氯化氢气体,通过管道抽吸到氯化氢酸雾吸收塔内,利用塔内循环的吸收水吸收,当吸收水溶液的浓度到 9% ~ 12% 或者发现风机出口出现轻微 HCl 气体时,将吸收水送至盐酸的酸雾吸收水罐。再经盐酸吸收塔做成成品盐酸销售。

第四节　主要工艺控制指标

一、事故氯装置

烧碱溶液:比重 1.14 ~ 1.15　　含 NaOH 12% ~ 15%

反应温度:低于 38 ℃

成品规格:含有效氯 5% ~ 15%　　残留碱 0.5% ~ 1%　　pH 值 9 ~ 11

板式换热器出口温度:25 ~ 30 ℃

二、HCl 酸雾吸收装置

吸收水浓液:≤12%　　　　　反应温度:低于 50 ℃

第五节　次氯酸钠工序基本操作

一、事故氯吸收塔操作

(一)开车前的准备工作
(1)检查所属管线、阀门、自控仪表是否完好,关闭所有进、出阀门。

(2)检查所有风机、循环泵及电气是否正常。

(3)检查冷却水系统水压是否正常。

(4)准备好必要的工具和器材。

(二)正常开车
(1)打开一、二级事故氯吸收塔板式换热器的冷却水进、出口阀门。

(2)在碱液循环罐内配好12% ~15%的烧碱溶液,打开一、二级碱液循环罐和吸收塔的相应阀门,启动碱液循环泵进行循环(其中 1#罐、2#罐、3#罐是一级事故氯吸收塔的碱液循环罐,4#罐、5#罐是二级事故氯吸收塔的碱液循环罐,各组内的循环罐互为备用、切换运行,完成碱液循环运行)。

(3)启动事故氯风机,事故氯一级吸收塔氯气进口负压设定在 -1.0 kPa(或根据调度指令)。

(4)当运行罐内 pH 值达到 9 ~ 10 时,切换另一备用罐进行循环,该半成品用泵打到半成品罐内,然后打至次氯反应塔再次进行吸收氯气,制成成品打到成品罐区供清净使用或销售。

(三)注意事项
(1)1# ~3#罐不能直接配碱液,需用 4#、5#罐配置,将配置好的碱液打到 1#、2#罐或 3#罐。

(2)切换罐时必须保证罐的进口和出口同时打开,防止循环液循环管道不畅通,管道局部超压。

(3)罐内先加水后加碱,加水合适后,用泵打压,用循环水冲洗管道和吸收塔。

(4)事故氯装置2#风机安装有变频控制器,DCS 系统可以按照设定的负压值自动调节风机转动频率,使事故氯装置的负压控制在规定范围内。

(5)当压力出现剧烈变化时,必须切换到计算机手动状态进行人工调节,根据2#风机频率和事故氯装置负压情况,及时调整风机,或者启动备用风机,保持压力稳定。

(6)注意风机前压力,当压力低于 −3.5 kPa 时,打开进空气阀门。

(7)注意观察吸收塔内液面,液面高于溢流口时,打开溢流阀门。

(四)停车步骤

(1)接调度命令,联系相关岗位停送氯气。

(2)停事故氯风机。

(3)依次停一级、二级循环液泵。

(4)关闭板式换热器冷却水进出口阀门。

二、次氯反应塔操作

(一)开车前的准备

(1)首先检查次氯反应塔及循环泵、阀门、仪表是否灵活好用,有无泄漏堵塞情况。

(2)检查冷却水系统水压是否正常;准备好必要的工具。

(3)烧碱一厂、二厂打来的次氯酸钠半成品至废次氯酸钠接收槽内,加入适量的30%液碱,配制成含12%~15%的碱液。

(4)打开次氯反应塔通往事故氯的阀门。

(二)开车

(1)启动次氯反应塔的碱液循环泵,将废次氯酸钠接收槽内配制好的碱液抽入次氯反应塔进行循环。

(2)通知氯化氢工段准备,开始送氯气。

(3)打开氯气分配台氯气进口总阀,缓慢开启反应塔氯气进口阀门,同时开启冷却水进口阀门,转入正常操作。

（三）正常操作

根据氯气量调节进槽氯气阀门及冷却水阀门,控制反应温度≤38 ℃,反应开始后每 30 min 测定记录一次反应温度和料液 pH 值,接近反应终点时增多测定次数,pH 值在 9 ~ 11 时关闭氯气阀门,取样分析有效氯及残留碱含量,达到要求即为合格次氯产品。

（四）正常停车

当反应达到终点时,关闭氯气阀门,冷却至 30 ℃ 以下时,关闭冷却水阀门,成品次氯酸钠存放在阴凉避光的容器内,温度不超过 30 ℃,避免与重金属离子接触,以免加快次氯酸钠分解,次氯酸钠不宜久存。

（五）紧急停车

当过氯及氯气压力突然下降、停水时,应立即关闭氯气阀门,再进行其他操作。

三、酸雾吸收塔操作

（一）开车前的准备工作

（1）检查所属管线、阀门、自控仪表是否完好,关闭所有进、出阀门。

（2）检查所有风机、循环泵及电气是否正常。

（3）准备好必要的工具和器材。

（二）正常开车

（1）在氯化氢酸雾吸收塔内加水至液面计 3/4 ~ 4/5 处。

（2）打开吸收塔的相应阀门启动循环泵进行循环。

（3）启动氯化氢酸雾吸收塔风机,将氯化氢酸雾吸收塔进口负压调整到 -0.5 ~ -1.5 kPa。

（4）当氯化氢酸雾吸收塔吸收水溶液的氯化氢浓度达到 9% ~ 12%,或者发现风机出口出现轻微 HCl 气时,将塔内大部分吸收水溶液用泵打到盐酸的酸雾吸收水罐(盐酸岗位根据酸雾吸收水罐存量安排做成成品盐酸销售),重新加水至规定液面保持循环吸收。

（三）注意事项

（1）氯化氢酸雾吸收塔循环水换水时,必须一直保持循环,先将盐酸浓度达到 9% ~ 12% 的吸收水溶液打出至最低液位,再加水至规定液位。

(2)注意风机前的压力,当压力低于或高于规定值时,及时调节风机进口阀门。

(3)注意观察吸收塔液面及循环情况。

(四)停车步骤

(1)联系相关岗位后停氯化氢酸雾吸收塔风机。

(2)停氯化氢酸雾吸收塔循环水泵。

四、不正常现象及处理方法

不正常现象及处理方法见表6-1。

表6-1 不正常现象及处理方法

序号	不正常现象	原因	处理方法
1	泵打不上料	(1)泵内有气体 (2)叶轮脱落损坏或与壳间隙太大 (3)泵进出口堵塞	(1)排除泵内气体,开出口阀使泵内气体排出 (2)拆泵更换叶轮或调整叶轮与泵壳之间间隙 (3)拆开泵的进、出口阀,清洗堵塞物
2	泵轴漏液	(1)填料太松或磨损 (2)泵轴损坏	(1)上紧压盖螺丝或更换填料 (2)换轴
3	泵内有杂音或敲击声	(1)对轮不正 (2)泵内有杂物	(1)校正泵与电机中心线 (2)拆泵清洗干净
4	电机发热	(1)电机受潮 (2)保险丝断一相运行 (3)填料太松或泵内有杂物	(1)烘干电机 (2)换保险丝 (3)调整填料松紧,拆泵清洗杂物
5	氯气管道正压,或事故氯风机变频增大	(1)系统送氯气 (2)氯气管道断裂 (3)氯气管道堵塞 (4)碱液下料不畅,事故塔积碱	(1)与调度、相关岗位联系,并观察 pH 值及温度变化 (2)停事故氯检修 (3)停事故氯检修 (4)打开碱液下料管排气阀排气
6	次氯反应塔循环不畅	(1)次氯反应塔塔内结盐 (2)氯气分配台积碱液	(1)把塔打开冲洗 (2)氯气分配台排污

第三篇　聚氯乙烯树脂生产工艺

第七章　乙炔的制备

第一节　电石破碎

一、电石的性质

电石是焦炭等碳素材料和氧化钙(生石灰)在电阻电弧炉内于高温下化合而成的,它的化学名称叫碳化钙

$$CaO + 3C \rightarrow CaC_2 + CO + 466 \text{ kJ/mol}$$

电石分子式是 CaC_2,相对分子质量为 64.10。极纯的碳化钙结晶是天蓝色的大晶体,其色泽和淬火钢的颜色一样。电石中除含大部分碳化钙外,还含有少部分其他杂质。这些杂质都是原料中的杂质转移过来的。

(一)电石的物理性质

电石的外观为各种颜色的块状体,其颜色随碳化钙的含量不同而不同,有灰色的、棕黄色的或黑色的。电石的新断面呈灰色,当 CaC_2 含量较高时则呈紫色。若电石的新断面暴露在潮湿的空气中,则因吸收了空气中的水分而使断面失去光泽变成灰白色。

电石的相对密度取决于 CaC_2 的含量。电石的纯度越高,相对密度越小。

(二)电石的化学性质

(1)干燥的氧气在高温下能氧化碳化钙而生成碳酸钙。

(2)粉状电石与氮气在加热条件下反应而生成 $CaCN_2$

$$CaC_2 + N_2 \rightarrow CaCN_2 + C$$

(3)氯只有在加热时才和碳化钙反应。干燥的氯在 250 ℃时和碳化钙反应,这时物质剧烈发热而生成氯化钙和碳。

(4)磷和碳化钙反应生成 Ca_3P_2,在这种情况下产生石墨状的碳。

(5)干燥的氯化氢在低温时不与碳化钙反应,而加热到赤热时就进行反应而析出碳、氢和乙炔。

(6)碳化钙被水分解时生成乙炔。它不仅能被液态的或汽态的水所分解,而且也能被物理的或化学的结合水所分解。这就是碳化钙能被用作强烈的脱水剂的道理。

碳化钙被水分解的反应可用下式表示:

$$CaC_2 + 2H_2O = Ca(OH)_2 + C_2H_2$$

只有在水过剩的条件下,也就是将碳化钙浸于水中时,反应才依上式进行。

如果用滴加的水来分解碳化钙,也就是碳化钙过剩时,则除上述反应外还发生如下反应:

$$CaC_2 + Ca(OH)_2 = 2CaO + C_2H_2$$

这个反应式也足以说明碳化钙是一种强脱水剂。

(7)重金属盐类的水溶液与碳化钙作用时,可生成相应的乙炔化合物。例如乙炔银、乙炔铜等,都是极易爆炸的物质。

(8)电石中所含的许多杂质,当电石被水分解时也都和水起反应。原料中所夹杂的磷的化合物,在生产电石时就变成磷化钙,当它与水作用时就能生成磷化氢而混合在乙炔中;所夹杂的硫的化合物则生成硫化氢。硫化氢在电石被水分解时,几乎完全被水吸收。可是在水量不足时,所生成的乙炔中就含有相当多的硫化氢。硫化氢与碳化钙反应,能像水一样使它产生乙炔:

$$CaC_2 + H_2S = CaS + C_2H_2$$

工业电石含有的杂质,多半是来自制造时使用的原材料。电石的

质量随其杂质的含量不同而不同,质量越高,杂质越少。CaC_2 含量为 85.8% 的电石的物质组成如下:

碳化钙(CaC_2)	95.3%
氧化钙(CaO)	9.5%
二氧化硅(SiO_2)	2.10%
氧化铁(Fe_2O_3) } 氧化铝(Al_2O_3) }	1.45%
氧化镁(MgO)	0.35%
碳(C)	1.20%

二、工艺原理及主要生产设备

(一)电石破碎

通常聚氯乙烯生产厂家采购的电石都是整砣电石或袋装电石,也有桶装电石,但桶装电石成本较高,现很少使用。电石料块进入发生器时的合理粒径为 40~60 mm,因此在进发生器之前必须进行破碎,通常采用的工艺是将原料电石料块经破碎机(鄂式破碎机见图 7-1)破碎粒径至 40~60 mm,破碎后的料块通过皮带机经除铁器除铁后输入料仓,作为发生器的入料电石。进入发生器的电石温度应≤60 ℃,否则会影响到发生系统的安全。

(二)电石除尘

1. 粉尘的分类

粉尘按颗粒大小也可以分为 3 种:

(1)固有粉尘:粒子直径大于 10 μm,在静止空气中加速下降,不扩散。

(2)尘云:粒径在 10~0.1 μm,在静止空气中等速下降,不易扩散,这是防尘工作的重点。

(3)烟:粒径在 0.1~0.001 μm,大小接近于空气分子,受空气分子碰撞呈布朗运动而存在于空气中,极易扩散。在静止的空气中非常缓慢地降落或不降落而形成气溶胶。

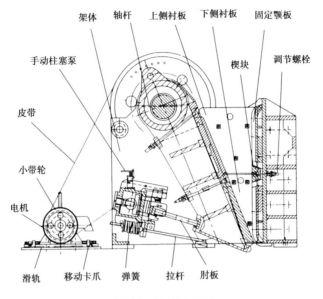

架体　轴杆　上侧衬板　下侧衬板　固定颚板

手动柱塞泵　　　　　　　　　楔块　调节螺栓

皮带

小带轮

电机

滑轨　移动卡爪　弹簧　拉杆　肘板

图 7-1　颚式破碎机

2. 电石除尘的方法

电石料块在破碎和皮带输送以及给发生器料斗加料时,都会产生电石灰尘,严重污染操作环境,危害人体健康。因此,要控制好粉尘,保持良好的环境,维护职工和周边人民群众的身体健康。配套的除尘系统就是为了解决扬尘问题。针对电石及其粉尘的特性,选用的除尘方法一般如下:

(1)旋风除尘。旋风除尘器对数微米以上的粗粉尘非常有效。采用简单的旋风除尘器和风机进行除尘,利用电石粉尘在风机的作用下,在除尘器内旋转所产生的离心力,将电石粉尘从气流中分离出来。这种方式结构简单,器身无运动部件,不需要特殊的附属设备,安装投资较少,操作、维护也方便,压力损失中等,动力消耗不大,运转维护费用较低,也不受浓度、温度的影响。但由于电石粉尘比较细,用这种简单除尘方式很难达到环保要求,除尘效率不高。

(2)袋式过滤除尘。布袋除尘依靠编制的或毡织的滤布作为过滤材料来达到分离含尘气体中电石尘的目的,除尘效率一般可达99%。含尘气体由除尘器进风口进入中下箱体,通过袋式滤布纤维进入上箱体时,气体绕过纤维,电石粉尘由于惯性作用仍保持直线运动撞击到纤维上被挡住和勾住而捕集下来,并在滤布上形成粉尘滤层,从而大大地提高了除尘效率;清洁的空气由上箱体通过引风机排空。随着时间的增加,积附在滤袋上的粉尘越来越多,过滤层的阻力不断上升,致使通过滤袋的通气量逐渐减少,然后通过 PLC 控制的脉冲阀按次序开启,压缩空气反吹清洗冲击滤袋,使电石尘粉层脱落,滤袋再生;一般袋滤器(见图7-2)的阻力控制在 8～12 kPa;该过程在 PLC 的控制下周而复始地进行,使袋式除尘器能够连续运行;粉尘落入灰斗后通过排灰阀排出,脉冲控制仪是脉冲袋式除尘的主要设备,要控制好它的产品质量。除尘效率可以稳定地达到99%以上,排出干灰易于综合利用。

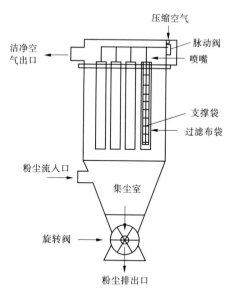

图7-2　袋滤器

滤布在长时间与粉尘的接触和反复清理的过程中,其性能会发生变化,这在实际使用中影响很大。滤布一般在一到两年内大多数孔眼就会被堵塞,及时清理也不能达到所需的气量,或产生滤布破损事故,此时需更换滤袋。因此滤布的选型非常重要,一般要考虑材质、织法、透气率、阻力降、压损比等。

三、工艺流程

将进厂的原料电石,敲击为合格粒度进入一级破碎机,后由皮带运输机送入二级破碎机,经二级破碎机破碎成 40～60 mm 粒度(也有采用一级破碎到位的)。由皮带运输机送到中间贮仓(中间由电磁吸铁器除矽铁)。另一部分由推车送至发生加料岗位,另一部分由皮带运输机送到电石贮仓,暂时贮存以备应急使用。

同时,卸车、破碎及输送转运过程中产生的电石粉尘进入电石除尘系统,通过旋风除尘器或袋式除尘器使含尘气体净化到环保要求后排放。

四、主要控制指标

电石粒度:40～60 mm
电石温度:≤60 ℃

五、基本操作

(一)电石破碎贮运操作规程

1. 开车前准备

(1)所有工作人员上岗前必须按规定穿戴好工作服、鞋、帽、手套、防尘口罩等劳动防护用品。

(2)细心检查所有转动部件是否灵活,有无碰、擦、卡壳现象。

(3)检查皮带运输机的电动滚筒是否漏油。

(4)检查天车的前进、倒退,提升机的升、降是否灵敏,安全可靠。

(5)检查供电电压是否正常,需用工具是否准备齐全。

2. 开车操作

(1)启动皮带运输机、破碎机等设备。

(2)将取样合格后的入厂原料电石送至破碎机,均匀加入破碎机进行破碎。

（3）破碎粒度合格的电石经电磁吸铁器除矽铁后，送至电石贮仓。

（4）推料人员根据发生需要用推车将电石送至加料岗位。

（5）根据电石贮仓仓容，考虑向贮仓存料。

3. 停车操作

（1）正常停车。确认破碎机进、出料完毕后，方可停破碎机；皮带上无遗留电石块时，停皮带运输机。

（2）紧急停车。无论哪一级工序出现故障，应快速停止前一级设备运行。

（二）电石贮仓操作规程

1. 开车

（1）检查皮带运输机、斗式提升机等是否完好，检查减速机润滑油情况，一切设备调整到正常使用状况。

（2）检查电石贮仓物料存放情况，根据物料情况，调节物料流向。

（3）每次进料前，先向进料仓和斗提机通氮气。

（4）通氮 3 min 后，启动斗式提升机正常后，再启动皮带运输机，运行正常后向皮带运输机喂料，注意调整进料量，避免电石流量过大。

（5）认真巡回检查提升机和皮带机运行情况，每班按时记录。

2. 停车

（1）待皮带机上完料后，停止皮带机运行。

（2）斗式提升机运行至空载时，停止提升机运行。

（3）检查各设备状况，清理斗式提升机及现场地面散落电石，并做好记录。

（三）电石除尘操作规程

1. 开车准备

（1）所有工作人员上岗前必须按规定穿戴好工作服、鞋、帽、手套、防尘口罩等劳动保护用品。

（2）检查所有转动部件是否灵活，有无碰、擦、卡壳现象。

（3）袋式除尘系统需检查脉冲程序控制器是否开启，压缩空气储罐压力是否充足。

（4）检查旋风除尘器除尘口是否关闭，未关闭时，应及时关闭。

（5）检查供电电压是否正常，需用工具是否准备齐全。

2. 开车操作

（1）开启旋风除尘器，袋式除尘系统还需同时开启袋式除尘器的螺旋输送机。

（2）除尘排灰与水混合后，用泥浆泵抽入渣浆池。

（3）袋式除尘系统电石粉尘需使用推车运输至指定位置。

3. 停车操作

（1）正常停车。确认破碎机、斗式提升机、皮带运输机停止运行后，停运除尘系统。

（2）紧急停车。无论哪一级工序出现故障，应快速停止前一级设备运行。

第二节　乙炔的制备

一、乙炔的性质

（一）乙炔的物理化学性质

1. 乙炔的物理性质

乙炔在常温和常压下为无色的气体，溶于水和有机溶剂，工业乙炔因含有杂质（特别是磷化氢、硫化氢）而带有刺激性臭味。乙炔的分子式是 C_2H_2，相对分子质量为 26.038，结构式为 $H—C \equiv C—H$，沸点是 $-83.6\ ℃$，凝固点是 $-85\ ℃$。

（1）乙炔溶于水和酒精，并极易溶于丙酮。1 L 水在 15 ℃ 和 1atm 下可溶乙炔 1.1 L；在同样条件下 1 L 丙酮可溶乙炔 25 L。

根据丙酮能溶解大量乙炔的性质，把乙炔溶解在丙酮中，在 15 atm 下装入特制钢瓶内，叫做"溶解乙炔"。这种溶解乙炔不易爆炸，使用时较安全，便于运输和保存。

（2）乙炔在水中的溶解度与温度及压力有关：它随温度的升高而减小，并随压力的增大而增大。饱和的食盐水溶解乙炔比纯水溶解的少。

（3）乙炔与水接触时，能生成由一分子乙炔与六分子水组成的晶体，形如冰雪状，称为水合晶体。

水合晶体的最高存在温度为 16 ℃，高于此温度时，无论在任何压力下都不能存在。水合晶体在乙炔管道中存在，可能堵塞管道，也能由于乙炔气和水合晶体摩擦生成的静电而带来危险。

2. 乙炔的化学性质

乙炔气体很活泼，它可以和氢气、氯气、氯化氢、水等进行加成反应，还能在适当条件下发生二聚、三聚和四聚作用，更主要的是乙炔还能进行乙烯基化和乙炔基化反应。因此，以乙炔为基础可以制取各种各样的塑料、橡胶和纤维的有机原料，如氯乙烯、乙醛、醋酸乙烯、丙烯腈、氯丁二烯等，成为一个国家煤化学工业的象征。

（1）乙炔属不饱和烃，不稳定，在一定条件下，较易发生分解爆炸，而且和与它能起反应的气体的混合物也会发生爆炸。

乙炔在高温高压下，具有分解爆炸的危险性。其反应式为：

$$C_2H_2 = 2C + H_2 + 54 \text{ kcal}$$

当温度低于 500 ℃时，有接触剂存在时，也可能发生爆炸。表 7-1 中列出了在有某些物质存在时，乙炔可能发生爆炸分解的最低温度。

表 7-1　有下列物质存在时，乙炔可能发生爆炸分解的最低温度

物质	最低温度（℃）	物质	最低温度（℃）
电石	500	氢氧化铁	280～300
氧化铝	490	氧化铁	280
铜屑	460	氧化铜	240
活性炭	400		

（2）乙炔和与它能起反应的气体的混合物具有较强的爆炸能力。例如：乙炔与氧混合时，如将混合物加热至 300 ℃以上，则乙炔在大气压力下即行爆炸；乙炔与氯混合时，在日光作用下就会爆炸。

（3）当乙炔溶解时，其分子为溶剂所分离，此时，乙炔的爆炸能力就降低，而极限压力（超过此压力时，乙炔即爆炸分解）则大大放宽。

(4)乙炔爆炸分解时,爆炸的传播速度不大,但在某些条件下(高的分解压力与温度,容器的尺寸很大或管道很长)爆炸速度就会增大,以致反应要比在一般爆炸情况下更为猛烈而迅速。这种反应传播现象称为爆震(爆轰)。乙炔的爆震速度远远超过爆炸的传播速度,其大小在1 800～3 000 m/s。爆炸时所发生的局部压力能达到600 atm。

(5)乙炔是炔烃中最简单的一个化合物,其性质非常活泼,容易进行加成和聚合以及其他化学反应,因此乙炔在有机合成中得到广泛的应用,现已成为化学工业中的重要原料之一。

(二)乙炔的危险性

1. 乙炔在易燃易爆性能上和氢气很相似

乙炔在高温、加压或有某些物质存在时,具有强烈的爆炸能力。乙炔与空气能在很宽的范围(2.3%～81%,其中7%～13%最易爆炸,最合适的混合比为13%)内形成爆炸混合物,乙炔与氧气形成爆炸混合物范围为2.5%～93%(其中30%最易爆炸)。乙炔与空气混合属于快速爆炸混合物,爆炸延滞时间只有0.017 s。乙炔极易与氯气生成氯乙炔引起爆炸,爆炸产物为氯化氢和碳。乙炔与铜、银、汞易生成乙炔铜、乙炔银、乙炔汞等金属化物,后者在干态下受到微小震动即自行爆炸。

湿乙炔比干乙炔的爆炸能力低,并随温度的增高而减小。乙炔气中混入一定比例的水蒸气、氮或二氧化碳都能使其爆炸危险性减小,这就是乙炔分子被这些气体子所分离的缘故。例如乙炔:水蒸气为1.15:1时(接近发生器排出的湿乙炔气)通常无爆炸危险。也就是说,乙炔纯度越高、操作压力和温度越高,越容易爆炸。

2. 吸入风险

乙炔是一种窒息剂。容器或管道受损时发生泄漏,由于降低有限区域内空气中氧含量,该气体有可能引起人窒息。工业乙炔中含有微量的硫化氢、磷化氢,大量吸入时使人感到不适。

3. 危害类型

(1)火灾。

急性危害:高度易燃易爆。

预防:禁止各类明火、火花和吸烟,杜绝任何可以打出火花的金属硬敲击。

消防:切断供料;可通入氮气进行灭火,也可以用干粉灭火剂或二氧化碳灭火,如对周围环境无危险,也可让其自行烧光。

(2)爆炸。

急性危害:乙炔气体/空气混合物有爆炸性。

预防:密闭系统,通风,使用防爆电器和照明。防止静电荷累积。

消防:切断供料,用干粉灭火剂、二氧化碳灭火剂或氮气扑救由爆炸引起的火灾。

(3)接触类型。

①吸入:

症状:大量吸入时头晕,迟钝,严重者神志不清。

预防:通风,局部排气或呼吸防护。

急救:呼吸新鲜空气,休息,并给予医疗护理。

②皮肤:

症状:乙炔燃烧皮肤烧伤。

预防:保温手套。

急救:烧伤,直接送医院治疗。

二、工艺原理

(一)乙炔发生

1. 反应原理

电石在湿式发生器内与水反应生成乙炔气,同时放出大量热。因工业电石不纯,其中杂质与水也能起反应,放出相应的杂质气体。其反应式如下:

主反应:

$$CaC_2 + 2H_2O \rightarrow Ca(OH)_2 \downarrow + C_2H_2 \uparrow + 127 \text{ kJ/mol}$$

　　　电石　　水　　氢氧化钙　　　乙炔

副反应:

$$CaO + H_2O \rightarrow Ca(OH)_2 \downarrow + 62.7 \text{ kJ/mol}$$

　　氧化钙　　水　　氢氧化钙

$$CaS + 2H_2O \rightarrow Ca(OH)_2 \downarrow + H_2S \uparrow$$
硫化钙　　水　氢氧化钙　　硫化氢

$$Ca_3P_2 + 6H_2O \rightarrow 3Ca(OH)_2 \downarrow + 2PH_3 \uparrow$$
磷化钙　　水　　氢氧化钙　　磷化氢

$$Ca_3N_2 + 6H_2O \rightarrow 3Ca(OH)_2 \downarrow + 2NH_3 \uparrow$$

$$Ca_2Si + 4H_2O \rightarrow 2Ca(OH)_2 \downarrow + SiH_4 \uparrow$$

$$Ca_3As_2 + 6H_2O \rightarrow 3Ca(OH)_2 \downarrow + 2AsH_3 \uparrow$$

另外,发生器内还有各种气体的溶解、分解、解吸等现象。

电石水解热效应是很大的,根据乙炔的性质,很易热解而爆炸,所以电石水解速度不宜太快。

2. 影响乙炔发生的因素

1) 电石粒度的控制

电石的水解反应是液固相反应,其反应速度与电石和水的接触面积的大小有很大关系,电石粒度愈小与水的接触面积愈大,水解速度也愈快。在此情况下有可能引起局部过热而引起乙炔分解和爆炸。电石粒度过大,与水接触面积减少,则电石反应缓慢,特别是电石粒度过大,水解时生成的 $Ca(OH)_2$ 将包住电石,使电石水解不完全,在发生器底部排渣时容易夹带未水解完全的电石,造成电石消耗定额上升。因此,要求电石粒度指标严格控制为 40~60 mm。小颗粒及电石粉末严禁使用,以防发生危险。

2) 发生器温度

乙炔发生器温度的高低,直接影响着发生速度。温度提高,电石水解速度加快,生产能力提高,乙炔在水中溶解度减少,对电石定额有利。但温度提高,乙炔分解的可能性增大,即爆炸的危险性加大。同时温度提高,乙炔气中的水蒸气含量增加,造成后面冷却负荷加大,而且从安全生产等方面考虑,也不宜使温度过高。温度过低,乙炔的水溶损失大,电石消耗增高,因此严格控制发生器反应温度在 85±5 ℃。

3) 发生器压力

压力增加会使乙炔分子密集,分解爆炸的可能性增大。发生器在不正常情况下,有可能出现冷却水不足,造成部分水解的电石传热困难,甚至局部过热到几百度。当乙炔在压力大于 0.147 MPa (1.5 kg/cm²)、温度超过 550 ℃会发生分解爆炸,因此在工业生产中乙炔压力不允许超过 0.147 MPa,而尽可能控制在较低压力下操作,这样也可减少乙炔在电石渣浆中溶解损失以及设备泄漏。但压力也不能太低,如太低会造成压缩机入口为负压,有进入空气的危险。故要严格按指标控制发生器压力。

4)发生器液面

发生器液面控制在液面计中部位置为好,也就是说保证电石加料管至少插入液面下 200 ~ 300 mm。液面过高,使气相缓冲容积过少,易使排出乙炔夹带渣浆和泡沫,还有使水向上浸入电磁振荡加料器及贮斗的危险。液面过低,则易使发生器气相部分的乙炔气大量逸入加料贮斗,影响加料的安全操作。因此,一定要严格控制液面,防止发生事故。

5)正水封、逆水封和安全水封

正水封:发生器产生的乙炔气经正水封,至冷却清净系统,正水封起了单向逆止阀的作用,正水封只能使乙炔气从前面设备往后面管道和设备行进,而不能倒流,从而起到安全隔离效果,减少事故造成的损失。此外,当单台发生器停车检修时,可往正水封中加水与系统切断。

逆水封:逆水封进口管与乙炔气柜管逆接,出口管与渣浆分离器出口管连接。正常生产时,逆水封不起作用,当发生器发生故障设备内压力低时,气柜内乙炔气可经逆水封自动进入发生器,以保持其正压,防止系统产生负压而吸入空气,避免形成爆炸混合物。

因此,正、逆水封是保证乙炔发生器的安全装置,正、逆水封的液面一定要保持稳定,防止堵塞和造成假液面。

安全水封:乙炔发生器的安全水封是乙炔生产必不可少的安全装置,当发生器压力增大时,可从此处排放,以防止发生意外事故。因此,安全水封起着安全阀的作用。

(二)乙炔清净

1.清净原理

由于电石中含有杂质而使粗乙炔气中含有硫化氢、磷化氢、氨、砷化氢等杂质气体,它们会对氯乙烯合成的氯化汞催化剂进行不可逆吸附而"中毒",破坏其"活性中心"而加速催化剂活性的下降,其中磷化氢(特别是 P_2H_4)会降低乙炔气自燃点,与空气接触会自燃,均应彻底予以脱出。

目前,多数工厂均利用次氯酸钠液体清净剂(也有采用浓硫酸清净的)的强氧化性质,使乙炔中的硫化氢、磷化氢等杂质氧化成酸性物质而除去。其与杂质进行氧化反应,反应式如下:

$$4NaClO + H_2S \rightarrow H_2SO_4 + 4NaCl$$
$$4NaClO + PH_3 \rightarrow H_3PO_4 + 4NaCl$$

2. 次氯酸钠的有效浓度及 pH 值选择

次氯酸钠是次氯酸的一种不稳定的盐,是一种强氧化剂。对于次氯酸钠浓度和 pH 值的选择,主要考虑清净效果及安全因素两个方面,有效氯一般控制在 0.085% ~0.12%,pH 值 7~8。

实验结果表明,当次氯酸钠溶液有效氯在 0.05% 以下和 pH 值在 8 以上,则清净(氧化)效果下降。而当有效氯在 0.15% 以上(特别在低 pH 值呈酸性时),容易释放出游离氯生成氯乙炔而发生爆炸:

$$C_2H_2 + Cl_2PH_3 \rightarrow ClCH = CHCl$$

后者在下一步碱洗中和时进一步反应:

$$ClCH = CHCl + NaOH \rightarrow CH \equiv CCl + NaCl + H_2O$$

清净系统的乙炔与氯气的接触爆炸,也可能由于气相放热反应生成四氯乙烷等其他氯代烃类,因此反应相剧烈放热导致气体膨胀而酿成爆炸。

当有效氯达到 0.25% 以上时,无论在气相还是在液相中,均容易发生上述激烈反应而爆炸,阳光将促进这一反应过程。上述氯乙炔是极不稳定的化合物,遇空气也易着火爆炸,如中和塔换碱时,或次氯酸钠废水排放时,以及开车前设备管道内空气未排净时均容易发生爆炸。对于有效氯(含量为 0.06% ~0.15%)的多次实验,未发生爆炸现象,且清净效果在中性或微碱性时也较好。此外,尚对有效氯含量 0.06% ~0.15% 次氯酸钠的清净系统,进行直接补加 1% 左右浓次氯酸钠实验,发现有火花及爆炸发生。

因此,根据上述诸因素,塔内次氯酸钠溶液的有效氯含量应不低于

0.06%，而补充新鲜溶液的有效氯控制在 0.085% ~ 0.12%，pH 值在7~8 为宜。

3. 乙炔中和原理

中和操作是用浓度为 10% ~ 15% 的氢氧化钠溶液，使乙炔气中的各种酸类物质形成可溶性的钠盐而除去，其反应式如下：

$$2NaOH + H_2SO_4 \rightarrow Na_2SO_4 + 2H_2O$$
$$3NaOH + H_3PO_4 \rightarrow Na_3PO_4 + 3H_2O$$

三、工艺流程

经破碎后的合格电石，用小车送到电石吊斗内，由电动葫芦把电石吊斗提至四楼，加入发生器加料斗内。在一贮斗充氮合格的情况下，由第一道活门放入一贮斗，又经第二道活门放入二贮斗，由电磁振荡器加入发生器内。电石遇水进行水解反应生成乙炔气，从发生器顶部逸出。电石分解时放出的热量，借助于不断往发生器内加入新鲜水来控制温度并补充消耗的水分。电石稀渣浆则从溢流管不断排出，以维持发生器液面。浓渣浆由发生器内耙齿耙至发生器底部，经气动排渣阀间断地排出。由发生器顶部逸出的乙炔气经洗泥器、正水封，一路进气柜，另一路至冷却塔进入清净系统。

冷却后的乙炔气，经水环泵加压后进入 1# 清净塔，与 2# 清净塔送来的次氯酸钠逆流接触，除去气体中的大部分硫、磷杂质，初步清净的乙炔气体从 1# 清净塔塔顶逸出，再进入与其串联的 2# 清净塔，与次氯酸钠贮槽送来的新鲜次氯酸钠接触彻底除去硫、磷杂质后，进入中和塔中和，使乙炔气纯度达到 98.5% 以上，pH 值 7~8，经预冷器预冷脱水后送往氯乙烯工段供转化合成使用。

四、主要控制指标

（一）发生工序主要指标

充氮时间：≥1 min（确保充分置换）

电石粒度：40~60 mm

电石温度：≤60 ℃

排渣时间:4 h 一次(视电石质量情况灵活掌握)

发生器温度:(85 ±5) ℃

发生器压力:3. 99 ~ 13. 33 kPa(30 ~ 100 mmHg)

发生器液面:液面计的 1/2 ~ 2/3

气柜容积:控制在 20% ~ 80%(雷雨或七级以上大风天气不得超过总容积的 60%)

(二) 清净工序控制指标

次氯酸钠有效氯含量:0. 085% ~ 0. 12% ,pH = 7 ~ 8

乙炔纯度:≥98. 5% ,pH = 7 ~ 8

清净效果:硝酸银试纸不变色

中和塔碱液:含 NaOH5% ~ 15% ;Na_2CO_3　夏季≤8% ,冬季≤5%

冷却塔出口温度:≤45 ℃

水环泵进口压力:不负压

水环泵出口压力:不易超过 0. 15 MPa,具体控制指标视设备型号而定

五、主要生产设备

(一) 乙炔发生器

乙炔发生器是以电石水解反应制取乙炔气的主要设备,目前国内多半采用湿式发生器。发生器有各种各样的结构形式,有摇篮式、搅拌式等,后者的结构形式也比较多,如以挡板层数来讲有二、三、四、五及六等五种;以设备直径来分又通常有 1. 6 m、2 m、2. 8 m、3. 2 m 等几种规格。

发生器结构示意图见图 7-3。

由图 7-3 可见,在发生器圆形筒体内安装有六层(或五层)固定式的挡板,每层挡板上均装有与搅拌轴相连的“双臂”耙齿,搅拌轴由底部伸入,经摆线减速机、螺旋减速机,经两级减速,这些耙齿实际上系在耙臂上,用螺栓固定,夹角为 55°的 6 ~ 7 块平面耙齿,耙齿在两个耙臂七的位置是不对称的,它们在耙臂上呈相互补位,以保证电石自加料管落入第一层后,立即由耙齿耙向中央圆孔而落入第二层,第二层的耙齿

安装角度则使电石管沿轴向筒壁移动,并沿壁处的环形孔落入第三层;最后,水解反应的副产物电石渣及矽铁落入发生器的锥形底盖,经排渣(气动)阀间歇地排入渣池中。挡板的作用是延长电石在发生器水相中的停留时间,以确保大颗粒电石得到充分的水解,耙齿的作用是"输送"电石并移去电石表面的 $Ca(OH)_2$,促使电石结晶表面能够直接裸露并与水接触反应,即加速水解反应过程。这种多层结构的发生器便于检修,相邻两层挡板的间距不得小于一定距离,并在各层均设置有人孔,供操作和检修人员在清理设备、更换耙齿和检修耙臂时进出。

　　在发生器的料斗加料时,一般采用电动葫芦提升加料或皮带机加料。

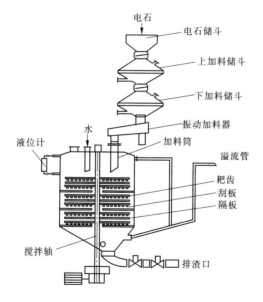

图7-3　乙炔发生器结构示意图

(二)清净塔

　　清净塔是清净系统的主要设备。图7-4画出了典型的填料式清净塔的结构,填料塔系借塔内充填填料的表面,使气液两相在其表面上逆流接触进行传质过程的。用作填料的材料和结构形式非常之多,以满足各种物料和处理过程的工艺需要,选用时主要考虑到填料的耐腐蚀性、比表面积、空隙率(影响塔的阻力)、质量及强度等因素。清净塔常用的填料有拉西瓷环、塑料阶梯环或波纹填料,如采用的填料尺寸越小,则接触表面积越大,空隙率越小,根据生产经验,一般使用 ϕ25 ~ 50 mm 填料,每个塔充填高度一般 6 ~ 9 m。

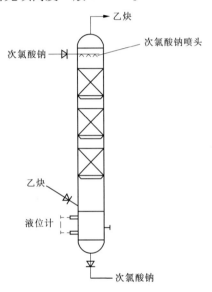

图 7-4　清净塔结构示意图

应当指出,填料塔的效率主要取决于在实际操作时液体对填料表面的湿润程度,填料表面要有很好的被工作液体湿润的性能。假如液体循环量不足,部分填料表面未被湿润,则使气体通过这部分时起不到传质交换的效果。因此,清净塔的效率很重要的一点就是要保证塔内液体循环的流量,使塔处于较高的湿润状态下操作。一般每平方米截面积上的液体喷淋量应在 15 ~ 20 m³/h。此外,当液体从塔顶分配盘喷入时,开始时塔中心填料部位的液体量多些,向下流动后因填料沿塔壁的空隙率较大,气体阻力较小而使液体逐渐偏流至塔壁。所以,为保证气液相在填料塔内流量分布均匀,一般在填料高度与塔径之比为 2 ~ 6,应加设集液盘,使偏流到塔壁的液体再聚集到塔中心部位。

　　作为清净作用的填料塔,推荐空塔气速在 0.2~0.4 m/s,气体在塔内总停留时间在 40~60 s,以确保化学吸收完全。由于乙炔清净属于化学吸收过程,清净效果除与吸收剂浓度、pH 值以及吸收温度有关外,尚与气液的接触时间,即上述的停留时间息息相关。有的工厂曾试图采用高空速的湍流塔来代替常用的填料塔,虽然可使塔径大大缩小,但终因气液接触时间太短促而达不到预期的效果。

　　由于清净塔的液相介质为次氯酸钠,以及清净反应生成的硫酸、磷酸等,它对塔体采用的碳钢部分有腐蚀,需要对其进行防腐处理,原来的清净塔采用的是钢衬胶,衬胶在有温度的情况下容易老化脱落,现在有些厂家采用新型内衬材料,如内衬 PO、四氟等,使用寿命长。

(三)乙炔水环泵

　　在乙炔气输送设备的选择上,首先要考虑乙炔的性质和对输送的要求,从乙炔的化学、物理性质来看,它是易燃易爆的气体,为确保安全不宜在高压(不超过 0.15 MPa)条件下输送,从输送要求上看,乙炔要经过一系列的净化设备,必然产生压力损失,为了克服压力损失,就要有一定的压头,而同时又必须达到生产所需的气量,以确保生产平衡。为此,生产厂家选用水环泵来输送乙炔气体,其特点是叶轮与泵壳间隙较大,不易因碰撞而产生火花,对易燃易爆的气体输送安全可靠。泵内的工作液为水,使乙炔气成湿气状态,抑制了乙炔的爆炸。水环泵具有一定的抽气能力(最高真空度达 85%)、输送压力不很高(0.1 MPa 表压)、排气量大(120~630 L/min)等性能,虽然能量转换效率不高,但对输送乙炔气体是相当安全、适合的。水环泵的工作原理见图 7-5。

　　其工作原理是:水环泵的叶轮偏心地装在圆形的机壳里,在启动前壳内要灌上水,叶轮转动时,由于离心力的作用,水被甩到壳壁,形成一个旋转水环;叶轮沿箭头方向旋转,在右半周时,水环的内表面逐渐与轮轴离开,因此各叶片间的空间逐渐扩大,形成低压吸入气体。当叶轮旋转至左半周时,水环的内边面逐渐与叶轮接近,各叶片间的空间逐渐缩小形成压力排出气体。气体是从大镰刀形排气孔被吸入,从小镰刀形排气孔被排出的。叶轮每转一周,叶片与叶片间容积改变一次,这样反复运动连续不断地吸抽和排气。

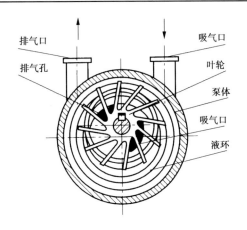

图 7-5　水环泵工作原理

　　当输送乙炔时,操作中应注意乙炔在高温时易爆炸,所以泵内水温要求不超过 40~50 ℃,为了使水冷却和节约用水,减少乙炔气的溶解损失,在水环泵旁附有冷却装置的水分离器,使水能冷却后闭路循环使用。

　　由于乙炔气中夹带有少量电石渣浆,长时间会使水环泵的叶轮结垢,减小水环的体积,影响送气能力,有些厂家在水环泵入口加一根小管道,给水环泵加少量废次氯酸钠,可以防止叶轮结垢,但加入量需要根据本厂的实际情况确定,要控制好加入量。

　　水环压缩机的缺点是能量转化率低,单台能力小。随着聚氯乙烯装置的大型化,已显现出不适应性,因此提高水环压缩机的能量转换率和设备大型化是该设备今后技术进步和开发的重点。

六、基本操作

(一)发生器操作

1. 开车

系统试压试漏合格,氮气置换合格,氧气含量 <3%。

(1)检查各设备、阀门和仪表等。

(2)分别将安全水封、正水封、逆水封以及发生器加好水,控制好液面高度。

（3）启动冷却和清净系统的废水回收泵。

（4）启动发生器搅拌。

（5）启动电磁振动加料器，加入电石，并注意加料器的电流表。

（6）当发生器内温度达82 ℃时，开始由废水回收泵（或工业水阀）向发生器加水，并维持发生器液面温度。

2. 停车

（1）用氮气置换乙炔气。

（2）贮斗电石用完后，发生器边加水边排渣数次，直至排出清水为止。

（3）关闭发生器回收废水加水阀门和正水封回水阀，往正、逆水封加满水。

（4）打开下部加料（气泵）阀门、发生器放空阀和正水封上的放空阀。

（5）由加料贮斗通氮，分别从发生器顶部及正水封上部放空，排氮压力保持在控制指标。

（6）当发生器出口取样分析结果，其乙炔含量低于0.5%时（如需动火检修，则应将乙炔系统全部排气，直到乙炔含量低于0.2%），才可以停止排气。之后，可通知加料系统打开上部加料（气泵）阀门，使设备处于敞口。

（7）在通入氮气的情况下，应把发生器内的水全部放尽。

（8）打开设备人孔取样分析合格，办理好入罐证，对发生器进行清理检修。

注意：①如操作工需进入发生器清理检修，应打开上下全部人孔，切断搅拌器电源，并要求有专人监护。②配合检修时，应进行发生器清理工作，除去全部渣浆和矽铁。

3. 正常操作

（1）按生产需要，调节好电磁振动加料器电流。

（2）保持电石渣浆溢流管畅通，维持发生器的液面在液面计中部，电石渣浆用泵送至电石渣浆处理工序。

（3）调节加水量、溢流量和排渣量，控制发生器温度在（85 ±5）℃。

（4）定期检查第二贮斗内电石量,并为加料准备好合格氮气。

（5）保持乙炔气柜控制在20%~80%(雷雨或七级以上大风天气不得超过总容积的60%)。

（6）定期巡回检查。

（7）每班冲洗正、逆水封一次,冲掉由乙炔气夹带过来的电石渣。保持正、逆水封液位在规定位置上,放水阀应畅通。

（二）乙炔气柜操作

1. 停车

乙炔气柜不论开车前用氮气置换空气,或检修前用氮气置换乙炔气,都应按下述步骤进行排气:

（1）停车时为减少损失,气柜高度尽量控制在最低安全高度。

（2）调节水封加水封住气柜。

（3）打开气柜顶部放空阀门,将气柜钟罩放平,然后关闭放空阀。

（4）打开气柜氮气进口阀门,使气柜升高到10%~15%时停止充氮气,然后再打开放空阀,将气柜钟罩放平,关放空阀。如此重复几次,直到分析氮气中乙炔含量<0.5%(需动火时<0.2%)或含氧量<3%。

（5）如需进行气柜放水清理,必须先用氮气置换乙炔气含量取样分析合格后,才能打开顶部人孔(以防钟罩抽瘪)及下部人孔(以使空气对流扩散)。取样分析氧含量合格后,方可进行清理工作。

2. 开车

气柜试压试漏合格后,系统氮气置换含氧量小于3%。

（1）先将气柜放平,保持正压。

（2）然后,发生器加料开车,使粗乙炔气进入气柜。

（3）当气柜上升至安全高度时,停电磁振动加料器,打开顶部放空阀放空,使气柜降至5%高度,然后再关放空阀,让气柜顶起。对气柜进行乙炔气置换后,方可投入使用。

（三）乙炔清净系统操作

1. 开车

（1）依次启动废水泵、冷却塔水泵、清净配制水泵、次氯酸钠高位泵、碱泵、次氯酸钠循环泵,使中和塔和清净塔保持循环,并在配制槽配制好次氯酸钠溶液。

(2)启动水环泵,当压力上升时打开送氯乙烯的乙炔总阀及冷凝器冷却水阀。

(3)配制次氯酸钠,调整好清净塔循环泵流量,控制好各塔液面。

(4)根据氯乙烯生产需要,调节乙炔出口压力。

2. 停车

当需要进行短期或临时停车时,按以下步骤停车:

(1)停水环泵,同时关闭出口总阀。

(2)停止配制次氯酸钠。

(3)停次氯酸钠循环泵、碱泵、次氯酸钠高位泵,清净配制水泵、冷却塔泵。

(4)关闭冷凝器冷却水泵。

注:如停车时间长,则停废水回收泵;将废水和工业水连通阀打开。

3. 正常操作

(1)定期巡回检查。

(2)根据氯乙烯需要调节好乙炔出口压力。

(3)保持各塔液面在规定位置,保持水环泵水分离器液面在规定位置,水环泵的循环水温度一般不高于40 ℃。

(4)检查冷凝器的集水器液面,及时排放冷凝水。

(5)中和塔液碱要根据分析数据及时更换,当液碱浓度低于5%或碳酸钠高于8%(冬季≤5%)时应立即进行更换。

(6)定时用试纸检查清净效果,分析配制槽及两塔的次氯酸钠有效氯含量及 pH 值,调节次氯酸钠循环量的大小;并根据分析结果调整好配次氯酸钠的各流量计的流量。

七、故障现象及排除方法

乙炔制备过程中的故障现象及排除方法见表7-2。

表 7-2 故障现象及排除方法

序号	故障现象	原因	排除方法
1	加料时燃烧爆炸	(1)充氮置换不净,撞击出火花 (2)活门漏气严重 (3)电石温度过高	(1)大量通氮,必要时使用灭火器 (2)修理活门 (3)降低电石温度
2	电动葫芦不能启动或有杂音	(1)开关或导线接地不良 (2)机件松动	(1)找电工修理 (2)找维修工检修
3	干式发生	(1)活门漏气 (2)加料过多 (3)水管堵塞 (4)搅拌不转	(1)检修活门,保证严密 (2)控制加料量 (3)疏通水管 (4)检修搅拌
4	泵不上水	(1)泵内有空气 (2)进口漏气 (3)泵叶轮坏	(1)泵出口处加水排气 (2)更换垫片或压紧螺丝 (3)检修或更换叶轮
5	二贮斗温度高	(1)活门漏气 (2)发生器液面过高,水浸入二贮斗	(1)检修活门 (2)疏通溢流管或排渣降低液面
6	发生器压力不正常	(1)温度或液面的影响 (2)水封液面可能过高或气柜等处产生液封	(1)严格控制发生器温度或液面 (2)消除液封现象
7	溢流管堵塞或不畅通	(1)夹套或冲洗水阀门处有脏物或矽铁堵住 (2)溢流管结垢多	拆洗疏通
8	电石反应不完全	(1)电石质量差,粒度大 (2)搅拌器把齿断落 (3)加料和排渣间隔时间短	(1)与破碎工序联系调整粒度 (2)检修搅拌器 (3)适当延长间隔时间

续表 7-2

序号	故障现象	原因	排除方法
9	乙炔气中含 S⁻、P⁻	(1)次氯酸钠补充量小或更换不及时 (2)次氯酸钠不合格	(1)根据电石质量及乙炔流量补充次氯酸钠 (2)加强操作,及时更换次氯酸钠
10	水环泵出口压力低	(1)循环水量不足或水温高 (2)乙炔气温度高 (3)机身内轮及壳间隙大	(1)加大或更换循环水 (2)降低乙炔气温度 (3)通知维修人员调整间隙
11	水环泵进出口压力波动,运转时声音异常	(1)水环泵前后的设备管路不通或有积液 (2)轴承等机件损坏	(1)检查水环泵前、后的设备和管路 (2)停车修理
12	清净塔爆震	次氯酸钠有效氯含量高	降低有效氯含量
13	清净塔堵塞	填料结垢或破碎	用盐酸洗涤,严重时更换填料

第八章　氯乙烯的制备

第一节　氯乙烯的合成

一、氯乙烯的性质

(一) 物理性质

(1) 分子式是 C_2H_3Cl,分子量 62.51,氯乙烯在常温、常压下是一种无色带有芳香气味的气体。尽管它的沸点为 −13.9 ℃,但稍加压就可在不太低的温度下液化。凝固点为 −159.7 ℃,自燃点为 472 ℃。

(2) 氯乙烯液体的密度:氯乙烯液体同一般液体一样,温度越高,密度越小。

(3) 氯乙烯的爆炸性。氯乙烯是易燃易爆物质,与空气形成爆炸性混合物的范围为:4% ~22% ,与氧气形成混合性爆炸物的范围为3.6% ~72% 。在氯乙烯与空气混合物中充入氮气或二氧化碳气体可缩小其爆炸浓度范围,当加入氮气 >48.8% 或二氧化氮 >36.4% 时,不会产生氯乙烯—空气爆炸混合物。特别应当指出的是,液态氯乙烯无论从设备还是管道中向外泄漏,都是极其危险的,遇到外界火源就会爆炸起火,还由于它是一种高绝缘性液体,泄漏时,在内部压力下快速喷射,就会摩擦产生静电,进而静电聚积自发起火爆炸。因此,输送氯乙烯宜选用低流速,并将设备及管道进行防静电跨接(法兰连接处)和防静电接地(连续长管道可进行分段接地),并保证接地电阻值符合规范要求。

(4) 氯乙烯的毒性。氯乙烯通常是由呼吸道吸入人体内,吸入较高浓度能引起急性轻度中毒,呈现麻醉前期症状,有昏眩、头痛、恶心、胸闷、步态蹒跚和丧失定向能力,严重中毒时可致昏迷;慢性中毒主要为对肝脏的损害、神经衰弱症候群、记忆力衰退及肢端溶骨症等。车间操作区空气中最高允许浓度为 30 mg/m³,而人体凭嗅觉发现氯乙烯的浓度为 1 290 mg/m³,比标准高出 40 多倍,所以说凭嗅觉检查是极不可靠的。急性中毒时,应立即转移现场,必要时施以人工呼吸或输氧;当皮肤或眼睛受到液体氯乙烯污染时,应尽快用大量清水冲洗。大量的临床病例说明,长时间接触低浓度的氯乙烯对人体的危害,要大于短时间接触较高浓度氯乙烯对人体的危害。

(二)化学性质

氯乙烯的结构中含有氯原子和双键,即有两个易起反应部分,能进行的化学反应很多。

二、工艺原理

(一)混合气脱水

利用氯化氢吸湿性质,预先吸收乙炔气中的绝大部分水,生成 40%左右的盐酸,降低混合气中的水分;利用冷冻方法混合脱水,是利用盐酸冰点低,盐酸上水蒸气分压低的原理,将混合气体冷冻脱酸,以降低混合气体中水蒸气分压来降低气相中水含量,达到进一步降低混合气中的水分至所必需的工艺指标。在混合气冷冻脱水过程中,冷凝的 40%盐酸,除少量是以液膜状自石墨冷却器列管内壁流出外,大部分呈极细微(≤2 μm)的“酸雾”悬浮于混合气流中,形成“气溶胶”,该“气溶胶”无法依靠重力自然沉降,要采用浸渍 3%～5%憎水性有机氟硅油的 5～10 μm 细玻璃长纤维过滤除雾,“气溶胶”中的液体微粒与垂直排列的玻璃纤维相碰撞后,大部分雾粒被截留,在重力的作用下,向下流动过程中液滴逐渐增大,最后滴落下来并排出。

工艺条件的选择:冷冻混合脱水的关键是温度的控制,温度高混合气体含水达不到工艺要求,会腐蚀碳钢设备和管道,还会在转化器内同乙炔反应生成乙醛类的缩合物(黏稠状),使触媒结块堵塞转化器列管,部分触媒失去作用,转化系统阻力增大;温度太低,低于浓盐酸的冰点(-18 ℃),则盐酸结冰,堵塞设备通道,系统阻力增大、流量下降,严重时流量降为零,无法继续生产。因此,混合脱水二级石墨冷却器出口的气体温度必须稳定地控制在(-14 ± 2)℃范围内。

经混合脱水后的混合气体温度很低,需要在预热器中加热到75～90℃后才能进入转化器进行反应。这是因为混合气体加热后,使未除净的雾滴全部气化,可降低氯化氢对碳钢的腐蚀,气体温度接近转化温度有利于提高转化反应的效率。

(二)氯乙烯合成

1. 反应原理

一定纯度的乙炔气体和氯化氢气体按照1:(1.05～1.18)的比例混合后,在氯化高汞触媒的作用下,在80～180℃温度下反应生成氯乙烯。反应方程式如下:

$$CH\equiv CH + HCl \rightarrow C_2H_3Cl + 124.6\ kJ/mol$$

其反应机理为:乙炔先与氯化汞加成形成中间物氯乙烯氯汞:

$$CH\equiv CH + HgCl_2 \rightarrow ClCH = CH—HgCl$$

此中间加成物很不稳定,遇氯化氢即分解生成氯乙烯。

$$ClCH = CH - HgCl + HCl \rightarrow CH_2 = CHCl + HgCl_2$$

在合成反应中还有少量的副反应发生,乙炔与氯化氢加成反应生成二氯乙烷:

$$C_2H_2 + HCl \rightarrow C_2H_4Cl_2$$

副反应是我们所不希望的,既消耗掉宝贵的原料乙炔,又给氯乙烯精馏增加了负荷,其关键是催化剂的选择、摩尔比、反应热的及时移出和反应温度的控制。

2. 生产条件的选择

(1)摩尔比:使一种原料气的配比过量,可使另一种原料气的转化率增加。因此,大多数化学反应利用这一原理,使价值低的原料过量,尽量使价值高的原料反应完全。由于乙炔的价值远远高于氯化氢,因此要将氯化氢过量配比。但氯化氢过量太多,则不但增加了原料消耗,在合成反应中易加剧与氯乙烯加成生成1,1-二氯乙烷等副产物。实验与实践的经验证明,控制乙炔与氯化氢摩尔比在1:(1.05～1.18)范围为宜。

(2)催化剂:目前乙炔法氯乙烯合成所使用的催化剂都是氯化汞

类的催化剂。这是因为该催化剂的得率和选择性都很高,价格又不算贵,但伴随有汞污染。氯乙烯合成所使用的氯化汞催化剂,是将氯化高汞吸附在活性炭载体上。纯的氯化高汞对合成反应并无催化作用,纯的活性炭也只有较低的催化活性,而当氯化高汞吸附到活性炭上后,即具有很强的催化活性。对氯乙烯催化剂载体的活性炭是有相应要求的,目前用作氯乙烯合成催化剂载体的是 $\phi 3$ mm × (6~9) mm 颗粒活性炭(也有 $\phi 5$ mm × 6 mm 的),为满足内部孔隙率其吸苯率应 ≥30%,机械强度应 ≥90%。一般来讲,椰子壳或核桃壳制得的活性炭效果较好。

(3)反应温度:温度对氯乙烯合成反应有较大影响。提高反应温度可加快合成反应的速度,获得较高的转化率;但是过高的温度易使催化剂吸附的氯化高汞升华,降低催化剂活性和使用寿命,还会使副反应产物二氯乙烷增多,催化剂上的升汞易会被还原成甘汞或水银。工业生产中应尽可能将合成反应温度控制在 80~180 ℃。要控制反应温度就要控制适当的乙炔空间流速和提高转化器的传热能力,最佳的反应带温度应该在 130~150 ℃。

(4)反应压力:乙炔与氯化氢是合成反应,加大反应压力有利于合成反应的正向进行。要实现较高的反应压力,则需要较大的流体输送动力,过大的反应压力对输送机械提出了更高的要求,有较大的困难,且输送动力过大也不经济;乙炔在较高的压力下安全性下降。因此,合成反应压力控制在 0.04~0.05 MPa 为宜。

(5)空间流速:乙炔空间流速为 25~35 m³ 乙炔/(m³ 催化剂·h),在这一空间流速范围内,既能保证乙炔有较高的转化率,又能保证高沸点副产物的含量较少。

(三)粗氯乙烯的净化

1. 净化目的

转化后经除汞器除汞(内装活性炭,吸附饱和时要及时更换)、冷却后的粗氯乙烯气体中,除氯乙烯外,还有过量配比的氯化氢及未反应的乙炔、氮气、氢气、二氧化碳和未除净的微量汞蒸气等气体,以及副反应所产生的乙醛、二氯乙烷、二氯乙烯、三氯乙烯、乙烯基乙炔等杂质气体。为了生产出适合于聚合的高纯度的单体、使聚合能够生产出高品质的聚氯乙烯成品,应彻底将这些杂质除去。

　　2. 净化原理:水洗和碱洗

　　水洗是粗氯乙烯净化的第一步,通过水洗去除了溶解度较大的氯化氢、乙醛基汞蒸气等。经过水洗后的粗氯乙烯气体中仍含有微量的氯化氢以及在水中溶解度小的二氧化碳、乙炔、氢气、氮气等,氯化氢和二氧化碳在水中会形成盐酸和碳酸腐蚀设备、促进氯乙烯的自聚。以前水洗过程只是在填料塔中简单地用大量的水来洗涤,同时产生大量的含酸废水(含酸≤3%)污染环境,酸水中溶解的氯乙烯也会产生流失。现在各生产企业都使用泡沫水洗塔或组合式水洗塔将粗氯乙烯中过量的氯化氢水洗吸收制成22% ~30%的盐酸,出售或脱吸回收氯化氢。

　　二氧化碳可以通过碱洗去除。通常是用氢氧化钠的稀溶液作为化学吸收剂,所用的碱液为5% ~15%的氢氧化钠溶液。粗氯乙烯气体经碱洗至中性,反应方程式如下:

$$CO_2 + 2NaOH \rightarrow Na_2CO_3 + H_2O + 热量$$

$$HCl + NaOH \rightarrow NaCl + H_2O + 热量$$

(四)盐酸脱吸

　　副产盐酸脱吸是将水洗脱酸塔产出的含有杂质的废酸进行脱吸,以回收其中的氯化氢,并返回前部继续生产氯乙烯。由浓酸槽来的31%以上的浓盐酸进入脱吸塔顶部,在塔内与经再沸器加热而沸腾上升的气液混合物充分接触,进行传质、传热,利用水蒸气冷凝时释放出的冷凝热将浓盐酸中的氯化氢气体脱吸出来,直至达到恒沸(约20%)状态平衡为止。塔顶脱吸出来的氯化氢气体经冷却使温度降至 -5 ~ -10 ℃,除去水分和酸雾后,其纯度可达99.9%以上,送往氯乙烯合成前部;塔底排出的稀酸经冷却后送往水洗塔,作为水洗剂循环使用。

　　上述是较为简单的盐酸脱吸工艺原理,其优点是流程简单、设备少、再沸器操作温度不算太高,其缺点是稀酸循环量大、蒸汽消耗高。若要改变此状况,则需在脱吸时加入能够打破恒沸点的助剂,这一方法的优点是蒸汽消耗量低,稀酸循环量少;缺点是流程长、设备多、投资大、再沸器操作温度较高、需经常(约循环 50 次)更换脱吸溶液及助剂。

三、工艺流程

自乙炔工段来的乙炔与盐酸工段来的干燥氯化氢,经孔板流量计配比后,在混合器内混合,然后进入两组并联,而每组内两台串联的石墨冷凝器用 –35 ℃盐水间接冷却,使混合气体冷却到 –15℃左右,混合气体中的一部分水分冷凝形成盐酸流下,另一部分则形成酸雾夹带于气流中,进入两台串联的酸雾过滤器,经憎水性含氟硅油玻璃棉过滤分离,然后气体经预热器预热后,进入二级转化器合成,通过转化器列管中装载的吸附氯化汞的活性炭触媒转化为粗氯乙烯,反应放出的热量通过管壳循环热水移去。粗氯乙烯中夹带的微量氯化汞升华物,经除汞器用活性炭吸收除去,并经冷却降温,然后进入降膜吸收塔,泡沫吸收塔、水洗塔、碱洗塔除去残余氯化氢及其他酸性气体后,一部分进入氯乙烯气柜,另一部分送压缩岗位。

四、主要控制指标

(一)原材料的规格和要求

乙 炔:纯度≥98.5%,不含硫、磷,用硝酸银试纸检查不变色

氯化氢:纯度≥93%,过氯量≤0.004%,含氧≤0.4%

触媒:活性炭含量为90%左右,颗粒度为$\phi 3 \times (6 \sim 9)$ mm,含水≤0.3%,氯化汞含量为10% ~15%,外观为灰或纯黑

(二)工艺指标

合成反应温度:80~180 ℃

分子比(C_2H_2 : HCl):1:(1.05~1.18)

合成反应后含:HCl 3.2% ~9.6%,C_2H_2≤0.5%

石墨冷凝器:前台 –8 ~ –12 ℃,后台 –14 ~ –18 ℃

预热器出口温度:75~90 ℃

转化率:≥99%

粗氯乙烯纯度:≥92%

泡沫塔温度:≤50 ℃

酸液浓度：≥30%

碱液浓度：NaOH 5%～15%，Na_2CO_3≤8%（冬天≤5%）

废碱浓度：NaOH ＜5%，$NaCO_3$≥8%（冬天≥5%）

转化器前混合气含水：≤0.06%

循环热水 pH 值：8～10（定期加入缓蚀剂）

混合器温度：≤45 ℃（夏），≤30 ℃（冬）

转化器开车温度：≥80 ℃

五、主要生产设备

(一)混合器

图 8-1 给出了一种高效率的旋风式混合器结构示意图。

由图 8-1 可见，氯化氢气体自混合器切线方向进入，沿设备壁面旋转流下，与进入中心管自小孔喷射出来的乙炔气均匀地混合。设备材料可选用钢衬胶或硬聚氯乙烯制作。在这种混合器内，气体流速在 8～10 m/s，均能获得很好的混合效果。

除这种小型混合器外，常用的还有一种较大型的混合器，乙炔和氯化氢气体自下部以相反的切线方向进入混合器，乙炔气经设备上的瓷环和活性炭层（用来脱除氯化氢气体中的游离氯）后，由上部排出。

(二)酸雾过滤器

根据气体处理量的大小，酸雾过滤器有单筒式和多筒式两种结构形式。多筒式结构示意图见图 8-2。

为了防止盐酸腐蚀，设备筒体、花板、滤筒可采用钢衬胶或硬聚氯乙烯制作。设备夹套内通入冷冻盐水，以保证脱水过程中的温度控制。

(三)氯乙烯合成转化器

氯乙烯合成转化器是电石乙炔法生产聚氯乙烯的关键设备，是列管式固定床反应器。

1.结构

图 8-3 给出了转化器的结构示意图。转化器实际上是一种大型固定管板式换热器。主要由上、下管箱及中间管束三大部分组成。上、下管箱均由乙型平焊法兰（通常参照 JB/T 4702 标准法兰）及锥形（或椭

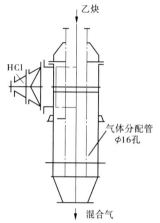

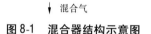

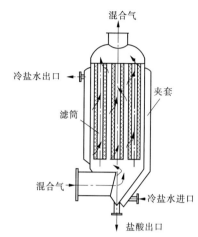

图 8-1　混合器结构示意图　　图 8-2　酸雾过滤器结构示意图

圆形)封头组成,其中上管箱顶部配有 4 个热电偶温度计接口、4 个手孔,混合气体入口处还设有气体分布盘;下管箱内衬瓷砖,并设有用于支撑大小磁环及活性炭/触媒的多孔板、合成气体出口及放酸口。中间管束主要由上、下两块管板,换热管、壳体、支耳等部分组成。混合气走管路,冷却介质(循环水或有机介质如庚烷)走壳程。

2. 工作原理

乙炔与氯化氢混合气经冷却脱水、进入用氯化汞作催化剂的转化器列管中进行反应,合成转化为氯乙烯气体,该反应为强放热反应,反应带的中心温度最高可达 190 ℃,该反应放出的大量热量必须经壳程中 90 ~ 100 ℃循环水(或庚烷)冷却介质带走。

其反应方程式为:

$$HCl + CH \equiv CH \xrightarrow[80 \sim 180 \text{ ℃}]{HgCl_2/C} CH_2 = CHCl + 124.6 \text{ kJ/mol}$$

3. 运行中的泄漏与防治

下面以水为冷却介质的转化器为例进行介绍。

1)转化器的投用

(1)现场试压。注意运输和吊装的正确方式,不使管端受力。用户现场安装后,要严格进行试压、试漏。

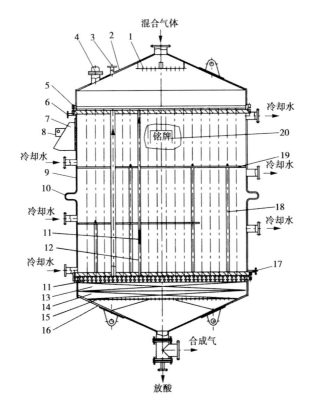

1—气体分布盘;2—上管箱;3—热电偶接口;4—手孔;5—管板;6—排气口;7—支耳;
8—接地板;9—壳体;10—膨胀节;11—活性炭;12—换热管;13—小瓷环;14—大瓷环;
15—多孔板;16—下管箱;17—排水口;18—拉杆;19—折流板;20—铭牌

图8-3 转化器结构示意图

(2)现场均匀拧紧螺栓。由于转化器管板兼作法兰,则拧紧法兰螺栓在管板上又会产生附加弯矩,是新安装转化器使用一周内泄漏的原因之一。因此,新安装的转化器,要求检修人员对称地拧紧螺栓尽量受力均匀。

(3)投入运行前的消除应力。投入运行前的冷、热态水循环,新装转化器投入运行前要先用热水循环一段时间。原始开车一定要将热水加热到规定温度后再通乙炔和氯化氢。防止热应力引起的转化器漏蚀。尽量减少频繁的系统开、停车。短时间停车不停循环热水,以消除热应力。

（4）停车时关闭转化器出口管与水洗塔之间的阀门，避免湿气倒灌入转化器。

2）用户工艺因素

（1）混合气体中水分的影响。乙炔、氯化氢原料气中含有的一定水分，与氯化氢形成盐酸，从而引起转化器列管内壁的酸性腐蚀。因此，混合气进转化器前，冷冻脱水指标要求混合气含水≤0.06%。

（2）循环水质的影响。由于列管金属表面形成电位差和循环水中的溶解氧、活性阴离子 Cl^- 的存在造成电化学腐蚀，电化学腐蚀使列管表面形成局部坑蚀、穿孔腐蚀。列管上液面处出现圈蚀痕；循环水中的溶解氧、氢离子加速了列管下部的根腐蚀。

因此，要采取必要措施保持循环水质，如：pH 值控制在 8 ~ 10；在循环水中按 2‰投放 H-93 缓蚀剂；装除氧器脱氧等。

（3）转化反应温度不均匀或过高的影响。合成反应是在内径 50 mm 的列管内进行的，在触媒的作用下，反应温度很不均匀。列管外的传热介质为准沸腾状态的水，当管内反应的温度过高或热负荷较大时，管外的水在上升过程中气化相当强烈。气泡湮灭的瞬间，作用在列管上的应力极高，对列管产生较大的冲击，从而加速列管的腐蚀。

正常使用的转化器，管程进行反应的温度一般为 150 ~ 180 ℃，壳程（冷却介质）温度一般为 95 ~ 97 ℃。温差的存在使管板和列管产生不等量变形，列管的要求伸长量大于管板的要求变形量。于是，列管变形量受到约束而承受压应力，管板承受拉应力。这种变化随温差的改变而改变，若反应温度高于 180 ℃，会使转化器损坏速度加快，这是由于钢材热胀冷缩变形，易使管板与列管端的连接松脱。在高温、强腐蚀介质作用下，当胀接应力或焊接应力不足以达到管板与管子的最小拉脱应力时，造成泄漏。

生产流量的波动及频繁地开停车都会使转化器管内温度在较短时间内变化剧烈，从而导致应力腐蚀。

以上情况主要通过调节进气量，严格控制反应温度在 180 ℃ 以下；加大循环水的流量，降低转化器的温差；现在设计制造的转化器一般采

用带有不锈钢膨胀节的筒体也是为补偿
这种温差大产生的热应力。

3）触媒结块

HgCl₂ 触媒结块会使转化器内部分
列管堵塞，造成腐蚀泄漏。可采用活性
炭吸附器去除原料气中的水分和游离氯
所产生的二氯化铁与三氯化铁。新装触
媒用干燥 N₂ 吹扫，带走水蒸气，含水应
在 0.3% 以下。

4）其他

如转化器前预热器漏，会造成管内
热水进入混合气体物料中，并与其中的
氯化氢形成盐酸。这样就会有大量酸水
带入转化器，从而造成转化器严重腐蚀。

因此，也必须要排除造成转化器泄
漏的所有其他因素。

（四）水洗泡沫塔

图 8-4 给出了典型水洗泡沫塔的结
构示意图。塔身 1 为防止盐酸的腐蚀和
氯乙烯的溶胀作用，采用衬橡胶（一层），
再衬两层石墨砖，衬里包括胶泥在内，总
厚度 33 mm 左右。筛板 2 采用厚度 6 ~
8 mm 的酚醛玻璃布层压板，经钻孔加工
而成。筛板共 4 ~ 6 块，均夹于每个塔身
的法兰之间，这样可以提高整个塔身截
面积的利用率。溢流管 4 可由硬聚氯乙
烯焊制（呈山形），借硬聚氯乙烯套夹环
焊，以固定于筛板上，伸出筛板的高度自下而上逐渐减小。

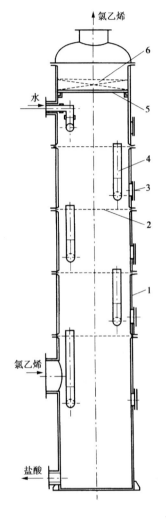

1—塔身；2—筛板；3—视镜；
4—溢流管；5—花板；6—滤网

图 8-4　水洗泡沫塔结构示意图

吸收水自第一块塔板上加入，在筛板上与上升的粗氯乙烯气体接
触，在形成的泡沫层中，气液进行质量传递过程，粗氯乙烯中的氯化氢

被水吸收为稀酸,经溢流管流入下一层筛板,在下面每块筛板上进行同样的传质过程。借加入水量的控制,调节液体在筛板上泡沫层的停留时间,使稀酸溶液浓度达到20%~25%。通过视镜3,可以观察筛板上泡沫层的高度及扰动状况。上下筛板宜选用不同开孔率,以适应进出口气量的差别。

(五)组合式盐酸吸收塔

组合式盐酸吸收塔结构示意图见图8-5。随着工艺技术的发展,现有厂家开始采用组合式盐酸吸收塔。该技术优化了工艺操作条件,

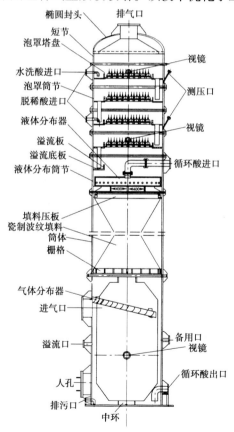

图8-5　组合式盐酸吸收塔结构示意图

弥补了原工艺的不足,优点有:流程简化,设备少,占地面积小,投资省;操作压降低,装置操作弹性大;开车阶段允许大量氯化氢流入设备,且不会引起过程超温;提高了碱洗效果,降低碱液使用量。

六、基本操作

(一)开车前准备

(1)检查设备、阀门、管道是否完好、畅通。

(2)对各放酸口进行放酸处理,关闭 HCl、C_2H_2 回流阀。

(3)检查各仪表、阀门是否齐全好用。

(4)打开循环热水槽的水阀门和蒸汽阀门,制备循环热水使液面到热水槽的 1/2 以上,且水温大于 80 ℃。

(5)启动热水泵,使转化器、预热器等热水循环,并排除管道、设备内积气。

(6)通知冷冻工段送盐水,对各台用冷冻盐水的设备进行预冷。

(7)检查各阀门的开关位置是否正确。

(8)向碱洗塔打碱至规定液面,开启碱泵,使碱液循环。

(9)运行水洗系统。

(10)通知清净和盐酸岗位做好送气准备。

(11)准备完毕,报告公司调度及分厂,听候命令开车。

(二)开车操作

(1)通知盐酸岗位送少量氯化氢,并通知分析室取样;当氯化氢纯度达 85% 以上,且不含游离氯时,开氯化氢入口阀门,打开水洗系统相关阀门。

(2)通知清净岗位送乙炔,当乙炔纯度达 98.5% 以上且不含 S^-、P^- 时,打开乙炔总阀,并打开碱洗塔入口阀门,关闭水洗系统排空阀。

(3)经分析取样,在保证氯化氢过剩 3.2% ~ 9.6% 的情况下,逐步增加乙炔和氯化氢流量至需要量。

(4)正常情况下,脱水系统每班放酸 1 ~ 2 次,每班与罐区联系打酸。

(5)适时检查热水泵、酸泵和碱泵等运行情况,检查转化器下部排酸情况,水洗、碱洗和酸贮槽液位。

（6）根据碱液浓度，每班进行冲塔换碱操作。

（7）按时准确记录。

（三）正常停车操作

（1）通知清净岗位停送乙炔，关闭乙炔总阀门。

（2）通知盐酸岗位停送氯化氢，关闭氯化氢总阀门。

（3）打开水洗后放空阀，关闭碱洗塔气体入口阀。

（4）停水洗、碱洗系统。

（5）无论停车时间长短热水循环泵应继续运行，以利转化器维持正压和触媒干燥。

（6）长期停车，可停盐水；短时停车，可继续循环。

（7）准确记录停车时间及原因，并报告调度及本厂值班。

（四）紧急停车

（1）在非停电、系统连锁等情况下，迅速按下乙炔水环泵紧停按钮，同时关闭乙炔总阀，关闭氯化氢总阀；如果停电或系统未连锁时需紧急停车，迅速关闭乙炔总阀，关闭氯化氢总阀。

（2）通知有关工序紧急停车。

（3）其他同正常停车步骤。

（五）庚烷转化器的庚烷系统操作

1. 开车操作

（1）启用开车冷剂加热器用蒸汽对庚烷进行加热，再通过庚烷加热转化器，按组进行。开车冷剂加热器出口的庚烷温度控制在 90 ℃左右。

（2）循环冷剂冷却器不通冷却水，转化器冷剂的液位控制器不投用，旁路阀全开。循环的庚烷由转化器溢流管经调节阀旁路流回反应冷剂槽。再由反应器冷剂泵加压经开车冷剂加热器返回转化器。冷剂泵、加热器及转化器和反应冷剂槽组成一个循环回路。

（3）加热持续到一组转化器达到投料温度为止，可进行投料。

（4）同时，对另一组转化器进行加热。以此类推，直至全部转化器投料。

（5）转化器开车后，各台转化器冷剂压力根据催化剂的使用时间、生产负荷进行调整。

2. 停车操作

（1）一般性临时停车可不必排净反应器及系统各容器、换热器内的庚烷。注意系统冷却后处于负压时，要保持与空气的隔绝状态，以避免空气进入形成爆炸性混合物。

（2）长时间的停车和大修停车时，必须排净系统之内所有的庚烷，并进行氮气置换。动火时必须检查确认系统所有的最低点的庚烷都已排净，没有死角，置换达到动火要求。

（3）系统的庚烷在进入反应冷剂排放罐前，均经过庚烷冷却器。出口温度控制在 40 ℃ 以下。庚烷贮罐自始至终都要充氮气保护，保持微正压。

（4）对于需要更换催化剂的反应器，应关闭反应器上的所有庚烷连通阀门，随后的操作过程与采用水冷相同。

（六）活化触媒操作

（1）仔细检查填装新触媒的转化器、物料管道是否密封完好。

（2）试压不漏，检查热电偶温度计是否灵敏准确。

（3）向石墨冷凝器通 −35 ℃ 盐水预冷。

（4）通知盐酸岗位调整纯度准备送氯化氢。

（5）检查转化器串、并联阀门，水洗系统进碱洗系统阀门及放空阀是否开、关正确。

（6）启动酸循环吸收系统。

（7）当氯化氢纯度大于 85%，且不含游离氯时，开启氯化氢总阀门，向系统送气。根据活化流量调节泡沫吸收塔和水洗塔水量。

（8）活化时通氯化氢流量一般控制在 $80 \sim 120 \ m^3/h$。

（9）活化开始，每 30 min 放酸一次，8 h 后，每小时放酸一次。

（10）活化时间一般不低于 16 h，活化合格标准为一直到转化器底部放不出酸为止。

（11）活化触媒时的原料气纯度及分析操作同正常开车。

七、故障现象与处理方法

故障现象与处理方法见表 8-1。

表 8-1　故障现象与处理方法

序号	故障现象	原因	处理方法
1	原料气压力大，流量小	(1)流量、计量装置有问题 (2)预热器堵塞 (3)管道堵塞 (4)触媒结块 (5)石墨冷却器结冰堵塞	(1)仪表工修理 (2)停车处理 (3)停车处理 (4)停车翻触媒 (5)停止通盐水，化冰处理
2	热水泵或碱泵打不上液体	(1)无水或无碱 (2)叶轮损坏 (3)泵转向不对 (4)水管或转化器有大量蒸汽聚积	(1)送水或碱 (2)修泵 (3)找电工修理 (4)打开转化放气阀排气
3	转化率低	(1)反应温度低 (2)流量过大，超负荷 (3)触媒未充分活化 (4)触媒失效或列管填装触媒不均	(1)增大流量 (2)降量 (3)降低乙炔流量 (4)更换或翻动触媒
4	石墨冷却器进出口压差大	混合脱水温度太低结冰堵塞	停止通盐水，作化冰处理
5	转化器温度急剧上升	(1)转化器断水 (2)新触媒，流量大	(1)加大循环水量 (2)降低单位转化器流量
6	转化器底部放酸突然增多	转化器漏	停用转化器，修理
7	-35 ℃盐水中显酸性或有乙炔	石墨冷却器漏	堵漏或更换
8	开车时过氯	盐酸操作异常	打开氯化氢回流阀
9	开车时含硫、磷	清净操作异常	打开乙炔回流阀
10	水洗温度高	(1)泡沫塔异常 (2)反应后氯化氢过量 (3)冷却器断水	(1)调整泡沫塔水量 (2)降低氯化氢配比 (3)补充循环水

第二节　氯乙烯的压缩

一、工艺原理

压缩工序是调节转化工序生产波动,控制和调节精馏工序生产负荷的工序。通过气体的压缩,提高气体的压力,即相应提高物料的沸点,有可能在常温下进行分馏操作。它既要消化转化工序所产生的生产负荷波动,又要控制精馏工序尽可能地平稳运行,为精馏工序制得高质量的精氯乙烯创造好条件。因此,在压缩机开、停机时要缓慢进行,压缩机负荷调整时,要根据气柜高度的变化速率,缓慢且适度地调整回流阀或开、停备用压缩机。

二、工艺流程

由氯乙烯气柜或合成直接送来的粗氯乙烯气体,先进入机前预冷器冷却,脱去部分水后经氯乙烯压缩机加压至(0.55 ± 0.05)MPa(表压),并经机后冷却器冷却降温、分离出油后送精馏岗位去精制。

三、主要控制指标

气柜使用范围:20% ~ 80%(雷雨或七级以上大风天气时使用范围不得超过总容积的60%)

压缩机进口压力:不负压,压力控制视具体设备确定

出口:压力(0.55 ± 0.05)MPa(表压),温度≤110 ℃

机前冷却器排水 pH 值:pH≥7

四、主要生产设备

压缩工段主要生产设备为螺杆式压缩机,压缩机结构及工作原理见图8-6。

(一)工作原理

螺杆式压缩机的工作循环可分为吸气、压缩和排气三个过程。随

着转子旋转,每对相互啮合的齿相继完成相同的工作循环。

(1)吸气过程:当转子转动时,齿的一端逐渐脱离啮合而形成了齿间容积,这个齿间容积的扩大,在其内部形成了一定的真空,而此齿间容积又仅与吸气口连通,因此气体便在压差作用下流入其中。转子继续旋转,阳转子齿不断从阴转子的齿槽中脱离出来,齿间容积不断扩大,并与吸气口保持连通。吸气过程结束时,齿间的容积达到最大值,随着转子旋转,所研究的齿间容积不会再增加。齿容积在齿位置与吸气口断开,吸气过程结束。

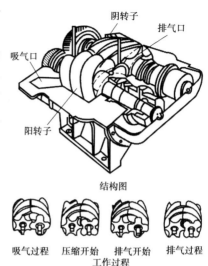

图 8-6　压缩机结构及工作原理

(2)压缩过程:随着转子的旋转,齿间容积由于转子齿的啮合而不断减小。被封闭在齿间容积的气体占据的体积也随之减小,导致压力升高,从而实现气体的压缩过程。压缩过程可一直持续到齿间容积即将与排气口连通之前。

(3)排气过程:当齿间封闭容积与排气口连通后,压缩气体开始排出。随着齿间容积的不断减小,压缩气体被完全排出。这个过程一直持续到齿末端的型线完全啮合。此时,齿间容积内的气体通过排气孔口被完全排出,封闭的齿间容积的体积将变为零。

(4)轴承:轴承分径向轴承和径向止推轴承两种,皆采用滑动轴承形式,压力油润滑,径向轴承承受径向力,其副推力盘,承受压缩机在启动时同步齿轮引起的反向推力。

(5)轴封装置:转子两端采用石墨加充气密封,填函箱中装有 4～5 个石墨环,石墨环外侧用金属环加固,用一波形弹簧把石墨环压向一侧,具有一定的预紧力,借以密封气体,防止泄漏。填函箱外端还有左右旋转梯形螺纹密封,为了确保密封性能,氯乙烯用的螺杆式压缩机采用充氮气密封,用控制氮气与泄漏出气体的压力差达到密封效果。

从上述原理可以看出,螺杆式压缩机是一种工作容积做回转运动的容积式气体压缩机械。气体的压缩依靠容积的变化来实现,而容积的变化又是借助压缩机的一对转子在机壳内做回转运动来达到的。与活塞压缩机的区别是它的工作容积在周期性扩大和缩小的同时,其空间位置也在变更。只要在机壳上合理地配置吸、排气孔口,就能实现压缩机的基本工作过程——吸气、压缩以及排气过程。

通常所称的螺杆式空压机即指双螺杆压缩机。螺杆压缩机占地面积小,提供压缩气不含油分,振动低,控制操作方式先进,维护保养简单,维护费用小,效率降低小,气压也平稳,无泄漏,但对转子的材质要求高,螺线形式特殊,加工精度要求极高,造价高;压缩效率高,易损件少,维修工作量少,操作运行可靠。

(二)设备特点

1. 螺杆压缩机的主要优点

(1)可靠性高。螺杆压缩机零部件少,没有易损件,因而它运转可靠,寿命长,大修间隔期可达4万~8万h。

(2)操作维护方便。螺杆压缩机自动化程度高,操作人员不必经过长时间的专业培训,可实现无人值守运转。

(3)动平衡好。螺杆压缩机没有不平衡惯性力,机器可平稳地高速工作,可实现无基础运转,特别适合作移动式压缩机,体积小、重量轻、占地面积少。

(4)适应性强。螺杆压缩机具有强制输气的特点,容积流量几乎不受排气压力的影响,在宽阔的范围内能保持较高效率,在压缩机结构不作任何改变的情况下,适用于多种工况。单机能力可达每小时上万标准立方米。

(5)多相混输。螺杆压缩机的转子齿面是一空间曲面,实际上留有间隙,因而能耐液体冲击,可压送含液气体、含粉尘气体、易聚合气体等。

2.螺杆压缩机的主要缺点

（1）造价高。由于螺杆空压机的转子齿面是一空间曲面,需利用特制的刀具在昂贵的专用设备上进行加工。另外,对螺杆式空压机油气桶的加工精度也有很高要求。

（2）不能适用于高压场合。由于受到转子刚度和轴承寿命的限制,螺杆压缩机只能适用于中、低压范围,排气压力一般不超过 3 MPa。

（3）不适用于微型场合。螺杆式压缩机依靠间隙密封气体,目前一般只有容积流量大于 0.2 m³/min 时,螺杆压缩机才具有优越的性能。

（4）螺杆压缩机自身不能进行能量调节,生产负荷的调节是靠外回流的方式进行调节的。

随着生产装置规模的不断扩大,压缩气量已达每小时上万立方米,螺杆式压缩机也已逐步表现出了不适应性,即:单机能力仍然较小、自身不能进行能量调节等。应当开发氯乙烯专用的、有能量调节装置的、大流量的透平式压缩机,减少设备台数,以便实行自动控制,实现长周期稳定经济运行。这是我们目前面临的又一个任务。

五、基本操作（氯乙烯螺杆压缩机基本操作）

（一）开车前准备

（1）检查仪表、电气、阀门是否灵活好用。

（2）检查各零部件的连接情况,做到无漏油、漏气。

（3）检查机器油液位是否在规定范围。

（4）检查气柜、机前冷却器等设备是否正常。

（5）打开压缩机一道进、出口阀门。

（二）正常开车操作

（1）盘动电机数转。

（2）合上电源开关,打开机器冷却水进出口阀门。

（3）打开进气口平衡阀。

（4）点动电机,转向正确后方可起动电机。

（5）待主机温度达到规定指标后,缓慢开进气阀,然后关闭进口平衡阀。

(三)正常停车

(1)先打开出口气管上的平衡阀。

(2)按下停机按键,停机后立即排气至吸气侧。

(3)停电源开关。

(4)关闭机组入口阀门和平衡阀。

(四)紧急停车

(1)迅速按下紧急停机按键。

(2)按正常停车程序停车。

(3)通知调度和分厂值班。

六、故障现象与处理方法

故障现象与处理方法见表8-2。

表8-2　故障现象与处理方法

序号	故障现象	原因	处理方法
1	压缩机入口压力负压	(1)抽力大 (2)管道堵塞 (3)气柜水分离器水位高	(1)调节进口阀 (2)清理 (3)放水
2	压缩机响声不正常	(1)阀片烂 (2)气缸内有异物 (3)轴承配合过松 (4)中间冷却器漏	(1)更换 (2)清理 (3)检修 (4)检修
3	压缩机油压低或无油压	(1)压力表不准 (2)回流量大 (3)油泵坏或油管漏 (4)油管或滤油器堵塞 (5)油失效变质	(1)更换或检修 (2)调油压 (3)检查修理 (4)清理 (5)换油
4	压缩机出口压力大	(1)仪表不准 (2)精馏排空小 (3)设备或管道堵塞	(1)更换或校正 (2)与分馏联系 (3)停车清理

第三节　氯乙烯的精馏

一、精馏工艺

(一)工艺原理

利用多组分的混合物在定压下各组分的沸点或在定温下各组分的蒸气压(或挥发度)不同,经过传质传热的过程,即:气相中难挥发组分和液相中易挥发组分,进行多次的反方向扩散而得到较完全分离的单一组分的物质。粗氯乙烯成分复杂,其中包括 C_2H_3Cl、$C_2H_2Cl_2$、$C_2H_4Cl_2$、C_2H_2、CH_3CHO、O_2、N_2 等,属于多组分物质。

(二)精馏系统操作影响因素

由于氯乙烯中的有机及无机杂质对精馏过程、聚合反应和聚氯乙烯产品的热稳定性有不利的影响,必须尽可能地去除干净。

1. 回流比的选择

回流比是指精馏段内液体回流量与塔顶馏出液量之比,一般情况下,不宜采用过大的回流比。对于内回流式系统,一般低沸塔的回流比实际是基本全回流,仅有5%左右的含有大量乙炔的氯乙烯气体排出;高沸塔回流比在0.2~0.6范围,当单体质量相同时,回流比小则说明塔的效率高。

2. 惰性气体的影响

由于氯乙烯合成反应的原料氯化氢气体是由氢气和氯气合成制得的,纯度一般只有90%~96%,余下组分为氢气、乙炔等不凝性气体。这些不凝性气体含量虽低,却能在精馏系统的冷凝设备中产生不良的后果,提高氯化氢气体纯度,包括电解系统的氯气和氢气纯度,控制氯化氢过剩量,控制泄漏入系统的氮气量,不仅会减少氯乙烯精馏尾气放空损失,而且对于提高精馏效率都具有重要的意义。

3. 水分的影响

水分能够水解由氧与氯乙烯生成的低分子过氧化物,产生氯化氢(遇水变盐酸)、甲酸、甲醛等酸性物质(水分离器中放出来的水均呈弱酸性),使钢设备腐蚀,并生成 Fe^{3+},存在于单体中,将使聚合后的树脂色泽变黄或成为黑点杂质,并降低聚氯乙烯的热稳定性。氯乙烯中的水分必须降低到尽可能低的水平(如 <100),否则将使单体中含有可观的盐酸和铁离子,并造成自聚而堵塞精馏塔,影响聚合反应。

氯乙烯单体的脱水主要可以借以下几种方法进行:

(1)机前预冷器冷凝脱水;

(2)全凝器后的水分离器借重度差分层脱水;

(3)液态氯乙烯固碱脱水;

(4)压缩前气态氯乙烯借吸附法脱水干燥。

(5)水分离器(聚结器)高效脱水。

4. 单体质量

1)单体中乙炔聚合的影响

单体中即使存在微量的乙炔杂质,都会影响聚合产品树脂的聚合度及质量。还能使聚合的反应速度减慢,一般乙炔含量 $\leqslant 6 \times 10^{-6}$ 时,对聚合反应的控制和产品树脂的质量影响不大,工业生产控制乙炔含量在 $5 \times 10^{-6}(0.0005\%)$ 以下。实际操作中,遇乙炔杂质含量超过标准时,尚可降低反应温度控制,如 50×10^{-6} 降低 0.5 ℃控制;或挥发排气回收入气柜,由压缩机送至再精馏。

2)单体中高沸物对聚合的影响

单体中存在的如乙醛偏二氯乙烯,顺式及反式 1,2 - 二氯乙烯、1,1 - 二氯乙烷等高沸物杂质,既能降低聚合产品的聚合度,又能减缓聚合反应速度,较低含量的高沸物存在,对产品热稳定性有一定的好处。因此,一般认为单体中高沸物杂质只有在较高含量时才显著影响聚合度及反应速率,此外,高沸物杂质尚会影响到树脂的颗粒形态结构,增加聚氯乙烯大分子支化度,以及影响粘釜和"鱼眼"质量指标等。工业生产中一般控制单体含高沸物在 10×10^{-6} 以下(即单体纯度 $\geqslant$ 99.99%),当高沸物含量超过该指标在一定范围内,也可借降低聚合反应温度处理。

上述杂质均会降低聚氯乙烯的热稳定性,初期着色变差,白度和老化性能降低。

二、工艺流程

经加压后的粗氯乙烯气体送入全凝器,经 5 ℃冷却水间接冷却,冷凝下来的氯乙烯液体经水分离器分离水后进入低沸塔,进行氯乙烯和低沸物的分离,被分离出来的低沸物在塔顶经 5 ℃水间接冷却,回收部分氯乙烯后从塔顶溢出去气柜,全凝器内不凝性气体进入尾气冷凝器,用 - 35 ℃盐水间接冷却回收部分氯乙烯后送变压吸附岗位进一步净化回收。尾气冷凝液流入水分离器,分离了水分后亦进入低沸塔进行再次蒸馏。

被分离了低沸物的氯乙烯从低沸塔塔底借压差连续进入高沸塔,高沸塔再沸器将氯乙烯蒸出,经塔身至塔顶;塔顶冷凝器用 5 ℃水间接冷凝,部分回流后大部分精氯乙烯溢出,由塔顶进入成品冷凝器用 5℃水间接冷凝后,进入氯乙烯单体固碱干燥器,除去水、盐等杂质后进入单体贮槽贮存。塔底残液高沸物排至二氯乙烷残液处理塔,经简单加热后部分氯乙烯回收至气柜,二氯乙烷残液定期回收。

三、主要控制指标

尾气放空压力 0.5 ~ 0.55 MPa(表压)

氯乙烯纯度≥99.99%,单体含乙炔≤0.001%,单体含高沸物≤0.005%

四、主要生产设备

(一)聚结器(水分离器)

聚结器是一种新型分离微量水分的设备,也称水分离器。氯乙烯单体中的水不是纯水,其中含有铁离子和酸性,对聚氯乙烯的白度和热稳定性都有很大的影响。

聚结器(水分离器)除水的原理:含有乳化水、游离水及杂质颗粒、自聚物的粗氯乙烯物料,先经聚结器前端外置的预过滤器除去氯乙烯物料中的固体杂质,被预过滤后的干净含水氯乙烯进入液—液聚结滤床,在氯乙烯物料中分散的乳化状小水滴在通过聚结滤床的过程中被聚结、长大,直到分散相水滴在滤芯外表面形成很大的液泡,依靠自身的重力沉降到卧式容器的沉降集水罐中。除沫消能器设置的目的,一方面是稳定氯乙烯介质在卧式容器中的流动状态,使物料尽量稳定、平衡,帮助已经聚集长大的水泡更有效地沉降收集,另一方面它的多孔结构亦能除沫、集液,促使水滴的进一步长大和沉降。分散在氯乙烯物料中的粒径较小的水滴由于物料的流动来不及沉降,被夹带着流向物料出口,在装置出口处设置了由若干个用特殊极性材料制成的斥水滤芯,该滤芯依靠特殊材料对不同物料浸润角的差异,具有良好的憎水性,只允许氯乙烯物料通过,不允许水通过,从而达到高效率、高精度、大流量、连续分离除水的目的。聚结器的聚结滤芯使用寿命较长,又无附加的复杂操作,因而运行费用较低。聚结器结构参见图8-7。

(二)低沸塔

　　低沸塔又称为乙炔塔或初馏塔,是用来从粗氯乙烯中分离出乙炔和其他低沸点馏分(包括惰性气体)的精馏塔。在大型装置中,低沸塔多用板式塔,如泡罩塔盘、浮阀塔盘、筛板塔盘、垂直筛板塔盘及舌形斜孔

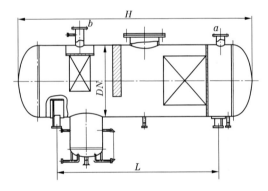

图8-7　聚结器(水分离器)

喷射塔盘,一些小型装置则采用填料塔为主。图8-8给出了板式低沸塔结构示意图。由图8-8可见,该塔主要由三部分组成,即塔顶冷凝器1、塔节3及加热釜5。为便于清理换热器的列管和塔盘构件,采用法兰连接的可拆结构,每个塔节安装4个塔盘,共有40~44块塔盘。经全凝器冷凝的氯乙烯液体自上面第四块塔盘加入,即精馏段为4块板,提馏段为40块板。其塔顶回流液,应包括塔顶冷凝器内回流和尾气冷凝器外回流两部分。低沸塔由于向下流的液体流量较大,而上升蒸汽流量较小,因此塔的直径可以相对地比高沸塔小些,而降液管截面积与塔截面积的相对比例则较大些。设备材质可选用普通低碳钢。

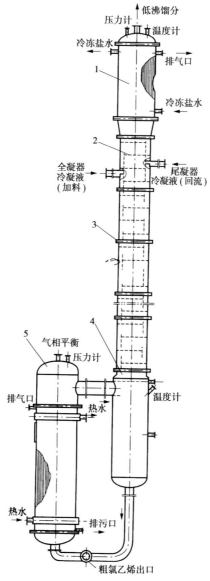

1—塔顶冷凝器;2—塔盘;3—塔节(身);4—塔底;5—加热釜

图8-8　低沸塔结构示意图

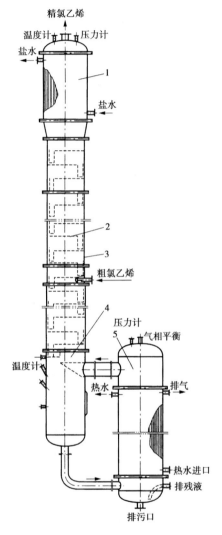

1—塔顶冷凝器;2—塔盘;3—塔节(身);4—塔底;5—加热釜

图 8-9　高沸塔结构示意图

(三)高沸塔

高沸塔又称为二氯乙烷塔或精馏塔,是用来从粗氯乙烯中分离出

1,1-二氯乙烷等高沸点馏分的精馏塔。在大型装置中,高沸塔多用板式塔,如浮动喷射塔盘、浮阀塔盘、筛板塔盘、导向筛板塔盘或泡罩塔盘,小型装置则常用填料塔。图8-9给出了板式高沸塔结构示意图,可见设备结构与低沸塔相类似,不过由于上升蒸汽量较大,塔顶冷凝器、加热釜的换热面积,以及塔身直径都比低沸塔来得大些。此外,在塔身部分,根据馏分要求,当塔底残液允许含有较多氯乙烯,残液可定期排出,再经Ⅲ塔蒸馏回收单体时,加料液体可在塔身较低部位,也即精馏段具有较多的塔板数(图示为25块板),提馏段具有较少的塔板数(图示为10块板),当无Ⅲ塔回收单体时,塔底残液为降低氯乙烯含量,以减少氯乙烯损失,加料液体可在塔身较高的部位,即提馏段也具有较多的塔板数(如15~20块板)。总之,无论精馏段还是提馏段的塔板数,都是根据所需要的塔顶或塔底组成所决定的。高沸塔设备材质也常用普通低碳钢制作,虽然不锈钢材料在此塔中不会发生晶间腐蚀,但将增加设备造价,对单体质量并无特别的影响。

五、基本操作

(一)开车前准备
(1)检查管道、仪表、阀门、设备是否完整好用。

(2)与压缩、冷冻联系开车。

(3)打开全凝器进气总阀。

(4)打开全凝器、高低沸塔塔顶、成品冷凝器冷却水阀门及尾气冷凝器冷冻盐水阀门。

(二)开车操作
(1)当低沸塔底有液面时,开启循环热水阀门,调节塔顶冷水阀,保持回流量。

(2)当低塔液面达1/2时,缓慢开启低沸塔过料阀向高塔过料。

(3)开启成品冷凝器至单体贮槽间的所有阀门。

(4)当高塔底液面达规定液面时,开启热水阀,调节塔顶冷却水阀门,保持塔内回流量。

(5)调节成品冷凝器冷却水阀门,保持系统压力。

（6）每小时准确记录高、低沸塔等设备的温度和压力。

（7）当尾排压力＞0.55 MPa时，开启排空阀，使压力保持在0.55±0.05 MPa（表压）。

（8）注意全凝器、成品冷凝器、尾冷器下料情况，及时调节冷却水量。

（9）正常情况下，水分离器、高塔再沸器、固碱干燥器及单体贮槽按时排污。

（三）正常停车操作

（1）通知冷冻、压缩岗位关闭高、低沸塔热水和冷冻盐水阀门。

（2）关闭尾气放空阀，保持系统压力。

（3）关闭进料阀门。

（四）紧急停车

（1）压缩机停机后，关尾气放空阀。

（2）关闭高塔进料阀。

（3）停止向设备供循环热水。

（4）继续向设备供冷水及冷冻盐水。

六、故障现象与处理方法

故障现象与处理方法见表8-3。

表8-3　故障现象与处理方法

序号	故障现象	原因	处理方法
1	尾排量大	（1）原料气纯度低 （2）转化反应不好 （3）冷冻盐水量小 （4）压缩机抽力增大或低沸塔釜温度高	（1）与清净、盐酸岗位联系提高原料气纯度 （2）与转化岗位联系提高转化率 （3）与冷冻岗位联系增大冷冻盐水量 （4）与压缩岗位联系或关小低沸塔釜热水

续表 8-3

序号	故障现象	原因	处理方法
2	单体含乙炔	(1)转化反应后气体含乙炔高 (2)低沸塔塔底温度低 (3)低沸塔塔顶去气柜管道异常或尾气排空关死,产生压料现象 (4)塔内部构件有异常变化,导致精馏操作恶化	(1)与转化岗位联系 (2)调节热水量 (3)检查修理或稳定尾排量 (4)停车修理
3	单体中高沸物含量高	(1)氯化氢过量太多 (2)高沸塔塔釜温度高 (3)高沸塔塔顶温度高 (4)高沸塔再沸器排污不及时	(1)与转化岗位联系 (2)调节热水量 (3)调节热水量 (4)及时排污
4	0 ℃冷水中有单体或乙炔	(1)成品或全凝器漏 (2)高低沸塔塔顶冷凝器漏 (3)机前冷却器或乙炔预冷器漏	(1)焊接或更换 (2)焊接或更换 (3)焊接或更换
5	高低沸塔温度下降,热水中带单体味,收率低	高、低沸塔再沸器漏	焊接或更换
6	高塔积料	(1)塔板堵塞 (2)塔釜蒸不出,传热效果差 (3)回流量太大	(1)清塔 (2)加大热水量或清塔釜 (3)减小塔顶冷水量
7	-35 ℃盐水中有单体味	尾气冷凝器漏	焊接或更换
8	成品下料不均或间断下料	(1)下料平衡管不通 (2)成品冷凝压力波动大 (3)成品冷凝器内存有惰性气体	(1)检查清理 (2)调节系统压力 (3)打开成品顶部放空阀,间断放掉惰性气体
9	尾气冷凝器温度低,但放空量大造成尾气跑料	(1)尾气结冰堵塞 (2)尾气下料管堵塞 (3)粗氯乙烯纯度低	(1)切换尾冷器化冰 (2)清理 (3)与转化岗位联系

第四节　氯乙烯精馏尾气变压吸附回收

一、工艺原理

吸附是指当两种相态不同的物质接触时,其中密度较低物质的分子在密度较高的物质表面被富集的现象和过程。具有吸附作用的物质(一般为密度相对较大的多孔固体)被称为吸附剂,被吸附的物质(一般为密度相对较小的气体或液体)称为吸附质。吸附按其性质的不同可分为四大类,即化学吸附、活性吸附、毛细管凝缩和物理吸附。变压吸附主要为物理吸附。物理吸附是指依靠吸附剂与吸附质分子间的分子力(包括范德华力和电磁力)进行的吸附。其特点是:吸附过程中没有化学反应,吸附过程进行得极快,参与吸附的各相物质间的动态平衡在瞬间即可完成,并且这种吸附是完全可逆的。

变压吸附气体提纯工艺过程之所以得以实现是由于吸附剂在这种物理吸附中所具有的两个性质:一是对不同组分的吸附能力不同,二是吸附质上的吸附容量随吸附质的分压上升而增加,随吸附温度的上升而下降。利用吸附剂的第一个性质,可实现如对氢气源中杂质组分的优先吸附而使氢气得以提纯,在高压下吸附氢气源中的杂质成分,在低压下解吸吸附剂吸附的杂质,这一过程简称变压吸附(PSA);工业 PSA 从氯乙烯尾气提浓氯乙烯装置所选用的吸附剂都是具有较大比表面积的固体颗粒,不同的吸附剂对混合气体中的各组分具有不同的吸附能力和吸附容量。吸附剂对各组分的分离系数越大,分离越容易。对于组成复杂的气源,在实际应用中常常需要多种吸附剂分层装填组成复合床。

氯乙烯尾气回收氯乙烯的特点是:原料压力低,原料组分除氯乙烯外,为氮气、氢气和乙炔,提浓氯乙烯后的尾气要求达到直接排空要求。由于氯乙烯在吸附剂上吸附能力较氮气、氢气和乙炔强得多,同时对吸附氯乙烯的特殊吸附剂在真空状态下容易解吸;利用此性质,在较高的压力下,含氯乙烯尾气的气体通过装有特殊吸附剂的床层,可以将氯乙烯几乎完全吸附,使其排放尾气达到国家排放标准,然后通过抽真空的过程获得氯乙烯,并使氯乙烯含量≥90%,并使吸附剂获得再生。

二、工艺流程

吸附塔工作过程包括:吸附过程、逆放过程、解吸过程、反吹过程、升压过程等,经这一过程后吸附塔便完成了一个完整的"吸附—再生"循环,又为下一次吸附做好了准备。

工艺流程如下:

精馏尾气(尾气冷凝器的不凝性气体)首先进入变压吸附 PSA-1 工序加热器 E101 加热到 30 ℃左右,经流量计计量后通过程控阀 KV-101 进入吸附塔(A、B、C、D、E)。尾气中的大部分氯乙烯和乙炔气体被吸附剂吸留下来,半净化气则从 KV-102 排出,经吸附压力调节阀 PV-101 送到 PSA-2 工序进一步回收半净化气中剩余的氯乙烯和乙炔。当吸附步骤结束后,解吸气作为产品气分两部分排出,一部分是吸附塔逆向放压排出的气体经程控阀 KV-106 分步输出到产品气缓冲罐一、二,另一部分是抽真空得到的产品气,经程控阀 KV-103、真空泵、冷却器直接送到产品气缓冲罐二中,在此处与逆向放压排出的产品气充分混合稳压后,经风机加压后送到转化回收利用。

来自 PSA-1 工序的半净化气进入 PSA-2 装置,经加热器 E201 加热至 20~30 ℃后由程控阀 KV-201 进入吸附塔,半净化气中残留的氯乙烯和乙炔气体被进一步吸附后,净化气则从 KV-202 经调节阀 PV-201 稳压后排空。

在 PSA-2 工序中产品气同样由两部分组成,一部分是吸附塔逆向放压排出的气体,经程控阀 KV-206 输出到解吸气缓冲罐中,再经调节阀 PV-202、PV-203 输出到 100# 工序回收利用;另一部分是抽真空得到的产品气,经程控阀 KV-203、真空泵、冷却器直接送到 100# 产品气缓冲罐二中,与 100# 的产品气混合后由风机加压送往转化回收利用。在实际生产中,可根据装置的具体工况,通过现场相关手动阀门的设定,PSA-2 的解吸气可送往 PSA-1 作为升压气用,也可送往 PSA-1 的产品气缓冲罐二中。

PSA-1、PSA-2 工序的主工艺流程均为 5-1-3PP/VP,即 5 个吸附塔,任意时刻都有一塔同时进料,三次均压带顺放,抽空及抽空冲洗解吸的工艺。每台吸附塔在不同时间依次经历吸附(A)、顺向放压(PP)、压力均衡一降(E1D)、压力均衡二降(E2D)、压力均衡三降(E3D)、逆向放压(D)、抽空及抽空冲洗(V/VP)、压力均衡三升(E3R)、压力均衡二升(E2R)、压力均衡一升(E1R)、最终升压(FR)等步骤。任意时刻均各有一台吸附塔进行吸附操作,其余 4 台处于再生过程的不同阶段,5 台吸附塔循环操作,达到连续输入原料气和输出净化气的目的。

三、主要控制指标

排空净化气中:$C_2H_2 \leqslant 120$ mg/m^3,$C_2H_3Cl \leqslant 36$ mg/m^3

四、主要生产设备

(一)吸附器
吸附器结构示意图见图 8-10。
(二)加热器
加热器结构示意图见图 8-11。
(三)均压罐
均压罐结构示意图见图 8-12。

五、操作规程

(一)开车前准备
(1)检查管道、仪表、阀门、设备是否完整好用。
(2)全开调节阀前后截止阀、安全阀前置阀,全开真空泵、风机进出口截止阀。
(二)正常开车
(1)精馏尾气作为原料气输送变压吸附装置。
(2)将 PSA-1 和 PSA-2 自控系统退出"暂停""自检""手动"状态。

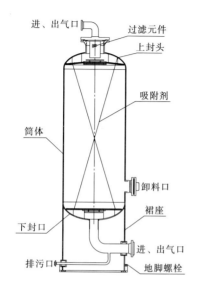

图 8-10　吸附器结构示意图

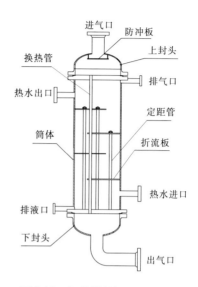

图 8-11　加热器结构示意图

（3）启动真空泵、风机动力设备。

（4）检查 KV116 阀是否关闭，成品气是否去转化。

（5）将各关联阀置于连锁状态，动力设备连锁。

（三）正常停车

（1）通知本装置前后有关工序。

（2）将 PSA-1 和 PSA-2 自控系统置为"暂停""自检""手动"状态，停止输入原料气，此时原料气从旁路阀 KV116 进入放空总管。

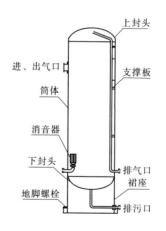

图 8-12　均压罐结构示意图

（3）关停真空泵、风机电源，关闭真空泵进、出口阀，关闭 PSA-1 和 PSA-2 的产品气输出总阀。

（4）通过手动开启和关闭 PSA-1 的 KV104 阀和 PSA-2 的

KV204 阀,使 PSA - 1 和 PSA - 2 工序各塔之间相互均压,要求各吸附塔保持约 0.05 MPa 以上的正压,如吸附塔压力较高,则可通过手动开启阀 KV106 和 KV206 泄压至合适压力。

(四)紧急停车

(1)立即将 PSA - 1 和 PSA - 2 程控系统投入"自检"和"暂停"状态,吸附塔保持停车时工作状态。

(2)原料气通过程控阀 KV116 放空。

(3)关停真空泵及风机等动力设备。

六、故障现象与处理方法

故障现象与处理方法见表8-4。

表8-4　故障现象与处理方法

序号	故障现象	原因	处理方法
1	原料气中带液过多	氯乙烯单体未得以冷凝回收	(1)迅速关闭吸附塔入口阀 (2)开启各吸附塔底部排污阀 (3)根据带液多少决定是否停车
2	电磁阀故障	(1)电磁换向阀粘着,卡住阀芯 (2)电磁换向阀线圈烧坏,以致微机控制输出讯号中断	(1)滤油,清洗电磁换向阀 (2)更换线圈或多路换向站
3	程控阀故障	(1)内漏 (2)外漏 (3)半开半关或不开不关	(1)与仪表联系 (2)与仪表联系 (3)与仪表联系
4	微机控制系统故障	(1)无信号输出 (2)程序不切换 (3)停留于某一状态,程序执行紊乱	(1)通知仪表 (2)停车检修 (3)停车检修
5	流量计计量不准	(1)流量低于测量范围或超过测量范围 (2)流量计不准	(1)调整流量 (2)更换流量计

第九章　聚氯乙烯树脂的生产

第一节　氯乙烯单体的聚合

一、聚氯乙烯树脂 PVC 树脂的性质

(一)物理性质

外观:白色粉末;分子量:40 600 ~ 111 600;密度:1. 35 ~ 1. 45 g/mL;表观密度:0. 40 ~ 0. 65 g/mL;比热容(0 ~ 100 ℃):1. 045 ~ 1. 463 J/(g·℃);颗粒直径:疏松(SG)型 60 ~ 150 μm;软化点:75 ~ 85 ℃;热分解点 > 100 ℃开始降解出氯化氢;溶解性:不溶于水、汽油、酒精、氯乙烯,溶于酮类、酯类和氯烃类溶剂;毒性:无毒、无臭。

(二)化学性质

1. 热性能和热稳定剂

没有明显熔点,在 80 ~ 83 ℃开始软化,加热高于 180 ℃时,开始流动。约在 200 ℃以上时完全分解。130 ℃以上时变成皮革状,长期加热后分解脱出氯化氢而变色。PVC 树脂只能在火焰上燃烧且产生绿色火焰,并分解放出氯化氢,离开后即立即熄灭。

2. 光稳定性

纯 PVC 树脂在日光或紫外线单色光照射下,发生老化,使色泽变暗。聚氯乙烯的光老化、预热老化极为相似,但是光老化也有其特殊性,它主要是在材料表面上进行的自由基氧化过程。一般认为,光老化首先也是从氯化氢降解开始,接着是断链和交联。

3. 电性能

由于聚氯乙烯相邻高分子间有强的偶极键,其介电常数 e 及介电损耗 tanδ 比非极性及弱极性聚合物(如聚乙烯、聚苯乙烯)较高,故不

宜用作高压电缆及通信电缆,但由于聚氯乙烯密度较高,耐电击穿(一般击穿电压可在 15～40 kV/mm 范围),且较耐老化,来源又广泛,故常用作低压(＜10 kV)电缆及电缆护套的加工。

聚氯乙烯的电性能在玻璃化温度以下比较稳定,超过玻璃化温度就有明显变化。

4.化学稳定性

聚氯乙烯塑化加工制品的化学稳定性较高,常温下,能耐任何浓度的盐酸,能耐 90% 的硫酸,能耐 50%～60% 的硝酸。能耐 25% 以下的烧碱,对盐类也相当稳定。在盐酸中可发生氯化反应生成氯化聚氯乙烯。使用中亦应注意温度、介质浓度等条件,聚氯乙烯在强氧化剂中,特别是在较高温度及较大浓度下欠稳定。腐蚀介质对聚氯乙烯塑料的作用系通过渗透、膨润及溶解作用,致使制品发生膨胀、增重、机械强度下降、起泡、变脆等现象。一般软制品中含有机低分子增塑剂,稳定性较差,作为工程防腐蚀材料,广泛采用的是硬质制品。

聚氯乙烯在有机溶剂除芳烃(如苯、二甲苯、苯胺、二甲基甲酰胺、四氢呋喃等)、氯烃(如二氯乙烷、四氯化碳、氯乙烯等)、酮类(如丙酮、环己酮等)及酯类外,对水、汽油、酒精等均稳定。

二、聚合工艺原理

(一)悬浮聚合原理

1.基本原理

聚氯乙烯工业化生产方法有悬浮法、乳液法、本体法、微悬浮法四种。这里只介绍悬浮法聚氯乙烯聚合原理。

悬浮聚合原理:氯乙烯悬浮聚合属于非均相的游离基型加聚连锁反应,反应的活性中心是游离基。单体分子借助于引发剂遇热,吸收了一定的能量而变成活性分子,然后与未经活化的单体分子进行聚合,生成的中间产物仍是活性的,其原有能量并未消失,因此再进一步与另一个未经活化的单体分子进行聚合,这样连续进行下去,直到能量消失为止,反应才告终止。在有引发剂参加下的连锁聚合亦称为引发聚合,反应方程式为:

$$nCH_2 = CHCl \rightarrow (-CH_2-CHCl-)_n + 96 \ kJ/mol$$

2. 氯乙烯单体中杂质对聚合反应的影响

1）单体中乙炔对聚合的影响

首先表现在对聚合时间及聚合度的影响上，具体数据见表 9-1。

表 9-1　单体中乙炔对聚合的影响

乙炔含量（%）	聚合诱导期（h）	达 85% 转化率时间（h）	聚合度
0.000 9	3	11	2 300
0.03	4	19.5	1 500
0.07	5	21	1 000
0.13	8	24	300

乙炔的最高允许含量一般要求低于 20 mg/kg。此外，乙炔还会降低 PVC 的抗氧化性能，导致热老化性能变差。同时，易被氧化。

当乙炔含量高时，生产上一般采取降低聚合温度的办法，以免树脂转型；或在聚合反应初期适当提高聚合温度，以消除诱导期的延长；亦可在加料后，适当回部分气，以降低单体中乙炔的含量。从树脂质量上看，这些都不是理想之计，正确的办法是在 VCM 精馏时脱除。

2）单体中高沸物对聚合的影响

VCM 中乙醛、偏二氯乙烯、1,2 – 二氯乙烷、1,1 – 二氯乙烯等高沸物，均为活泼的链转移剂，从而降低 PVC 聚合度和降低反应速度。较低含量的高沸物存在，对 PVC 热稳定性有好处。因此，高沸物的杂质一般认为只在较高含量下才显著影响聚合度及反应速度。

由于高沸物存在于 VCM 中不便于聚合温度的掌握，以及高沸物对分散剂的稳定性有明显的破坏作用，因此对 VCM 中的高沸物量要严加控制。

此外，高沸物杂质高，影响树脂的颗粒形态，造成高分子歧化，以及影响聚合釜粘釜和"鱼眼"等。工业生产要求单体中高沸物总含量控制在 100 mg/kg 以下（即单体纯度≥99.99%）。一般高沸物含量较高时,可借降低反应温度来处理。

3)铁质对聚合的影响

无论是软水、引发剂及分散剂还是单体中的铁离子对聚合反应都有不利的影响,同 O_2 和 C_2H_2 一样,使聚合诱导期延长,反应速度减慢;产品热稳定性变坏,还会降低产品的介电性能(特别是铁离子混入产品 PVC 中时)。

此外,铁离子还会影响产品颗粒的均匀度,铁离子能与有机过氧化物引发剂反应促使催化分解,额外消耗一部分引发剂,影响反应速度,并延长了反应时间。

一般应注意以下几个方面:

(1)单体输送、贮存时注意不使其呈酸性,并降低含水量使铁离子控制在 2 mg/kg 以下;

(2)聚合设备及管道均用不锈钢、铝、搪瓷、塑料材质;

(3)各种原料投料前均应借过滤器处理,聚合投料用水应控制总硬度。

4)氧对聚合的影响

氧的存在对聚合反应起了阻聚作用,可降低反应介质的 pH 值。在聚合反应体系中,氧含量超过一定程度时甚至使反应体系 pH 值降低,引起分散体系"中毒"而产生粗料。

过氧化物在 PVC 中还会使热稳定性显著变坏,成品极易变色。防止氧对聚合反应的影响,通常可采取以下措施:

(1)投单体前借氮排除气相中空气。

(2)或再以少量液态单体挥发排气。

(3)或配合抽真空脱氧。

(4)添加抗氧剂。已证实,添加抗氧剂对形成过氧化物和介质 pH 值下降有抑制作用,且效果与引发剂种类有关,如偶氮类比过氧化物类要来得显著。

5)水质对聚合的影响

聚合投料用水的质量,直接影响到产品树脂的质量。如硬度(表

征水中金属等阳离子含量)过高,会影响产品的电绝缘性能和热稳定;
氯根(表征水中阴离子含量)过高,特别对聚乙烯醇分散体系,易使颗
粒变粗,影响产品的颗粒形态;pH 值影响分散剂的稳定性,较低的 pH
对分散体系有显著的破坏作用,较高的 pH 值会引起聚乙烯醇的部分
醇解,影响分散效果及颗粒形态。此外,水质还会影响粘釜及"鱼眼"
的生成。因此,聚合工艺用水宜借阴阳离子交换树脂处理,或电渗析处
理,以控制硬度、氯根和 pH 值指标(控制指标见表 9-2)。

表 9-2　软水控制指标

树脂型号	硬度(mg/kg)	氯根(mg/kg)	pH 值
XJ 型	≤10	≤20	6.5 ~ 7.5
SG 型	<5	≤10	6 ~ 7

(1)无离子水的规格:pH 值 6.5 ~ 7.5,氯根 ≤10 mg/kg,总硬度
≤10 mg/kg。

(2)无离子水中氯根的影响:水中氯根对 PVC 颗粒度大小影响颇
大,特别对分散体系,Cl^- 使颗粒变粗,如表 9-3 所示。

表 9-3　无离子水中氯根对 PVC 颗粒度影响

水中含 Cl^-(mg/kg)	40 目过筛量(kg)	正品收率(%)
20	82	20.5
7.2	3 880	95.2

一般聚合用水 Cl^- 含量控制在 10 mg/kg 以下。

3.影响聚合反应的因素

1)温度对聚合的影响

(1)对反应速度的影响。

根据一般反应动力学原理,其反应速度随温度上升而加速。聚合
温度每升高 10 ℃,聚合速度约增加 3 倍(聚合温度与反应速度的关系
见表 9-4)。

表 9-4　聚合温度与反应速度的关系

聚合温度(℃)	反应时间(h)	转化率(%)	聚合度
30	38	73.7	5 976
40	12	81.7	2 390
50	6	89.97	990

(2)对聚合度的影响

一般温度波动 2 ℃,平均聚合度相差 336,分子量相差 21 000 左右,所以在工业生产时,在工艺设备固定的前提下,聚合温度几乎是控制 PVC 分子量的唯一因素。而把引发剂浓度的改变作为调节聚合反应速度的手段,因此必须严格控制聚合反应温度,以求得分子量分布均匀的产品。一般要求聚合釜温度波动 ±0.5 ℃。目前,常用聚合配方中聚合温度与聚合度的关系见表 9-5。

表 9-5　聚合温度与聚合度的关系

型号	聚合温度 (℃)	绝对黏度 (mPa·s)	黏数 (mL/g)	聚合度
PVC - SG2	50.5~51.5	2.1~2.0	143~136	1 535~1 371
PVC - SG3	52~53	2.0~1.9	135~127	1 250~1 350
PVC - SG4	53.5~55	1.9~1.8	126~118	1 150~1 250
PVC - SG5	56~58	1.8~1.7	117~107	1 000~1 100

此外,反应温度还影响分散剂溶液的保胶能力和界面活性,从而影响到产品树脂的颗粒形态和表观密度。

(3)对表观密度和吸油量的影响

由于温度升高,PVC 聚合度下降,大分子链转移程度降低,故所得 PVC 颗粒趋于致密,视比重上升,吸油量下降见表 9-6。

表9-6　聚合温度与表观密度的关系

型号	聚合温度(℃)	表观密度(g/mL)	吸油量(%)
PVC – SG2	50.5～51	0.4～0.45	23～27
PVC – SG4	53.5～55	0.42～0.48	20～23
PVC – SG6	59～60	0.45～0.55	10～16

2）聚合悬浮液体系的 pH 值对聚合反应的影响

聚合体系的 pH 值对聚合反应影响很大，一般必须严加控制。一般地，pH 值升高，引发剂分解速度加快，对缩短反应时间有好处。但 pH＞8.5 时，如果使 PVA 作分散剂，PVA 中的酯基可继续醇解，使醇解度增加，从而使 VCM 液滴发生兼并，粒子变粗或结块。

pH 值过低，影响分散剂的分散和稳定能力，用 PVA 作分散剂时，粘釜加剧。特别是在用明胶作分散剂时，pH 值低于其等电点，则会出现粒子变粗，直至爆聚结块。

pH 值严重偏碱性时，分散剂的保胶能力对 PVC 树脂表观密度、吸油率的影响将被破坏，会出颗粒料。

3）搅拌体系对聚合反应的影响

聚合釜的搅拌主要目的是使 VCM 单体均匀地分散成微小的液珠悬浮于水中，并得到预期大小和形状的 PVC 树脂粉，其二是使釜内物料在纵向、横向均匀流动和混合，有效地除去聚合热，使釜内温度均一。

随着聚合釜体积的增长，长径比的缩小，搅拌器已由顶伸、多层向底伸、单层或双层加设挡板变化。挡板的作用主要表现在：提高搅拌强度，增加剪切力和容积、循环次数；消除涡流，大大增加平缓的湍流区域，从而改善了循环状况，减少了因流型变化而引起的颗粒形态变化。

4）引发剂对聚合反应的影响

引发剂的选择和用量对聚合反应、聚合物的分子结构和产品质量有很大影响。

（1）引发剂浓度和引发剂活性的影响。

同一引发剂，同一温度下，引发剂的浓度越大，链引发速率越大，链自由基浓度也越高,链增长速率越大。当引发剂分解活性高时,一般链引发速度也大,对同一引发剂,链引发速度随温度而迅速增加。

引发剂的用量与反应时间按一次方成反比,引发剂用量多,则单位时间内所产生的自由基也相应增多,故反应速度快,聚合时间短,设备利用率高。但用量过多,反应激烈,不易控制,如反应热不及时移出,则温度、压力均会急剧上升,容易造成爆炸聚合的危险,对树脂质量也有影响。

(2)不同引发剂对树脂质量的影响。

使用不同的引发剂不但可以决定氯乙烯单体聚合时分子间结合的方式和引发速度,而且也影响树脂的质量。作为 PVC 聚合引发剂二异丙基过氧化二酸酯(IPP)可以使反应速度加快,

引发剂还对 PVC 树脂的结构疏松程度以及颗粒尺寸均匀性有较大影响。

4.聚合釜的粘釜

1)粘釜的危害

聚氯乙烯工业化生产以来,无论是悬浮法、乳液法还是本体法工艺,都会遇到聚合物黏结于釜壁、搅拌桨叶,以及釜上气相管道的所谓粘釜问题。粘釜会导致聚合釜传热系数和生产能力下降;粘釜料若混入产品中,会产生塑化加工时的暂时或永久性的"鱼眼",影响制品的外观和内在质量;粘釜物的清理将延长釜的辅助时间。降低设备运转率,并耗费清理的人工和带来劳动保护等系列问题。此外,粘釜还影响到聚合釜(计算机)自动控制的实施。

2)主要成因

通过对粘釜影响因素、粘釜粒子的观察,以及在大量的防粘釜技术研究的基础上,发现粘釜的形成机理可归结为以下两种因素:

(1)物理因素

物理吸附粘釜:主要是由于釜壁光洁度差,而使粘釜加重。不锈钢釜由于加工光洁度不高造成釜壁粗糙(国外釜粗糙度一般为 0.05 μm,国内釜粗糙度一般为 0.5 μm),以及釜壁受到机械损伤和聚合釜反应过程中 HCl 对釜壁产生的腐蚀等因素,造成氯乙烯进入反应釜后吸附

在钢表面能量较高处,故聚合物易于在其中吸附形成粘釜中心,并在这些中心进一步聚合而使粘釜加重。当聚合转化率在10%～30%时,颗粒外层的"皮膜"尚未成熟,内部成黏稠状态,此时若机械因素使颗粒状破"皮膜",流出的黏稠物则易与釜壁或搅拌轴粘釜而形成粘釜中心。上述粘釜是由于物理吸附而无化学键存在,所以与釜壁的结合力较弱,比较容易清除。

（2）化学因素

化学粘釜主要是化学键粘釜、水相聚合粘釜。与电子自由基催化理论相似,假定不锈钢表面各晶格的结点之间,由于温度等外界条件的能量激发,存在着一些移动的和平衡的自由电子和相应的失去电子的孔穴,它们犹如通常的原子和分子中的价电子能形成价键一样,能够与反应物料中的单体或自由基形成化学键的粘釜,这种粘釜由于与釜壁结合较强,比较难于清除。

在实际粘釜过程中,物理和化学两因素是同时发生与相辅相成的。釜内不同部位的粘釜过程各有一定的差异,如:

①釜顶和管道部分的气相粘釜,主要是液相氯乙烯挥发时携带一部分引发剂(或活性基团),于金属壁面冷凝、吸附,有人认为气相中的氧,在壁面上吸附起了促进粘釜的作用。

②气液界面粘釜,是由于处于气相和液相的界面处,位于搅拌能量分布较弱的部位,以及反应过程的体积收缩,使聚合物颗粒等易在界面处残留吸附,而形成明显的粘釜带。

③搅拌轴及挡板背面粘釜,也由于这些部位都是搅拌能量分布很弱的死角,而成为较严重类似粒子的粘釜区。

④液相粘釜,主要是由于溶解于水相中的单体(在50℃和0.78 MPa下,单体在水中溶解度达1%)的聚合物,在聚合反应全过程中,与金属表面发生上述的物理和化学过程(又称水相聚合),而出现较均匀的、基本上由微粒(黏结)而成的粘釜;

⑤水相聚合粘釜。水相聚合是指在悬浮聚氯乙烯生产过程中由于单体、引发剂、分散剂、pH值调节剂、分子量调节剂等均不同程度地溶解在水中,它们与溶于水中的氯乙烯在引发剂自由基或由油相转移到

水相的自由基引发聚合,生成过氧化物微粒。由于釜内的无离子水直接接触釜壁,这就使溶于水相中的氯乙烯容易与釜壁接触发生接枝聚合和引发聚合而形成化学粘釜。

3)防粘釜的措施

显然,聚合釜的结构和配方(包括分散剂、引发剂及其他助剂的选择,都会影响到粘釜过程。一般从防粘釜角度可以采取以下适宜的措施:

(1)聚合釜应采用尽量光洁的抛光表面;搅拌桨叶和挡板宜在满足颗粒度要求下,力求结构简单和数量少,防止物理黏附和化学接枝反应,达到减少和防止粘釜的目的。

(2)聚合配方在满足加工质量要求下,不宜过分降低体系的界面张力。

(3)每次聚合反应结束后应以高压水将釜壁冲洗干净,采用每三次的涂布法以钝化金属表面,经过多次聚合后再借人工或高压水彻底清洗。

(4)聚合反应时添加适量的助剂等。

(二)PVC 料浆汽提

1. PVC 料浆进离心干燥前要经汽提处理的原因

一般在氯乙烯聚合过程中,转化率到80% ~90% 作为终点,即可进行排气回收未反应的单体。由于氯乙烯树脂颗粒的溶解和吸附作用,出料时含有高达2% ~3%残留单体,如果树脂料浆在进入离心干燥系统之前不经汽提脱吸处理,残留的氯乙烯单体在以下过程中逐渐扩散逸出,造成环境污染及单体损耗:

(1)离心机运转中逸入操作区空气中,并溶于离心母液中。排放时继续污染。

(2)干燥操作时随热风排入大气,并于成品包装口逸入操作区空气中。

(3)成品树脂内残留的单体,会在贮存和运输过程中发生缓慢的扩散而污染环境。

(4)塑化加工时受热而大量逸入操作区空气中。

（5）在成型制品中仍残留一定数量的氯乙烯，还会在制品的使用过程中发生扩散。例如，用作自来水管或食品药物包装时，会发生单体往水或食品的迁移，最终进入人体内。

所以，树脂中残留氯乙烯必须进行汽提处理。

2. 汽提前要先经釜内自压或真空回收处理的原因

因为聚合釜反应结束后，料浆中含有较多的残留氯乙烯单体，若直接送入汽提塔处理，塔底排出料浆中残留单体量（特别是紧密型树脂）易超过 20 mg/kg，使成品树脂中残留单体可能超过 10 mg/kg。此外，聚合釜出料后若不经自压和真空回收处理，釜内单体含量较高，开启人孔盖或人工清釜时均会造成较大的污染，又危及安全生产。所以，一般在汽提处理之前，应先经出料槽或聚合釜回收大部分单体，也可采用升温，或采用釜内自压回收和真空回收操作。

3. PVC 料浆汽提的原理

含有 VCM 的 PVC 料浆（水相溶解的 VCM 和 PVC 树脂吸附的 VCM，其 VCM 达 2% ~ 3%。在多孔的塔盘上往下流动时与塔底进入的蒸汽直接逆流接触，进行传热和传质。PVC 颗粒吸附的 VCM 和水相中溶解的残留单体被加热气化，随上升的水蒸气汽提带逸出去，随着料浆的不断往下流动，温度逐渐升高且使水相中的 VCM 随温度的升高而降低，树脂内部 VCM 的含量与水相中 VCM 的含量形成浓度差，在这浓度差的推动力下，PVC 内部的 VCM 不断向水相进行扩散，并逐渐被气化，随上升的蒸汽带动经多块塔盘上的传热传质逐渐达到脱除料浆中的 VCM 的目的。

三、工艺流程

在聚合釜内加入一定量的脱盐水和氯乙烯单体，在缓冲剂、分散剂、引发剂等助剂的作用下，借助较强的搅拌在一定的温度和压力下进行聚合反应生成聚氯乙烯树脂，反应生成的浆料回收其中的大部分氯乙烯后，用泵通过螺旋板换热器换热后送至汽提塔顶部，蒸汽从塔底自下而上与自上而下的浆料经过充分传质传热交换后，使浆料中的氯乙烯脱析再经离心、干燥后包装成树脂成品。

四、主要控制指标

(一)原材料规格和要求

氯乙烯:纯度≥99.99%,含乙炔≤0.001%,含高沸物≤0.005%

脱盐水:硬度≤0.0001%,氯根≤0.001%,pH值:6.5~7.5

引发剂:过氧化合物含量≥40%,活性氧含量≥1.85%,贮存温度-15 ℃以下

分散剂:聚乙烯醇,主分散剂醇解度:70%~80%,助分散剂醇解度30%~70%

pH缓冲剂:碳酸氢铵,工业品

消泡剂:MEA(聚醚),工业品

终止剂:KZ液,工业品

防粘釜剂:工业品

(二)工艺指标

1. 聚合工序

1)30 m³、48 m³聚合釜

高压水罐压力:1.5~2.0 MPa

电机电流:30 m³釜≤65 A,48 m³釜≤110 A

冷搅拌时间:20~30 min

升温时间:≥30 min

反应温度:50~65 ℃,波动范围±0.5 ℃

反应压力:0.65~1.05 MPa

油泵油液面:液面计1/2~2/3

油泵回油压力:1.2~1.4 MPa

计量泵出口压力:大于釜压

进料后置换压力:0.2~0.3 MPa,5~10 min压降≤0.01 MPa

检修后试压压力:1.0 MPa,15 min压降≤0.01 MPa

出料压力:以打终止剂后搅拌10 min时的压力为标准

应急终止剂罐:1.5~1.8 MPa

2)70 m³、110 m³ 聚合釜

聚合反应温度:50~65 ℃,波动范围 ±0.5 ℃;

聚合反应压力:对应反应温度下氯乙烯饱和蒸气压

聚合釜搅拌:70 m³ 釜电机功率≤300 kW,110 m³ 釜电机电流≤280 A;

油泵油液面:液面计 1/2~2/3

油泵回油压力:70 m³ 釜 1.2~1.4 MPa,110 m³ 釜 1.8~2.0 MPa

计量泵出口压力:大于进料时釜压

应急终止剂罐:1.5~2.0 MPa

2. 汽提工序

1)正压汽提工艺

塔顶温度:80~105 ℃

塔底温度:110~120 ℃

塔顶压力:40~60 kPa

塔压差:10~25 kPa

塔底液位:1/5~2/3

2)负压汽提工艺

塔顶温度:80~100 ℃

塔底温度:100~110 ℃

塔顶压力:-18±2 kPa

塔底液位:1/5~2/3

五、主要生产设备

(一)聚合釜

1. 30 m³、48 m³ 聚合釜

图 9-1 为 30 m³、48 m³ 聚合釜的结构示意图。

30 m³、48 m³ 聚合釜的搅拌形式均采用三层三叶后掠式,30 m³ 总容积 31.7 m³,48 m³ 总容积为 48.7 m³。轴封通常采用机械密封(又称端面密封),机械密封的动环材质为钴基硬质合金,静环为特制石墨或环氧树脂浸渍石墨,平衡液选用变压器油。

2.70 m³ 聚合釜

70 m³ 聚合釜结构示意图见图9-2。聚合釜不锈钢复合板的抛光层板采用日本或瑞典进口的无探伤304不锈钢板，避免釜内电解抛光过程中出现针孔现象。电解抛光采用日本的先进技术和设备，釜内表面及内件表面均打磨光滑平整并圆弧过渡，所有与介质接触的表面（筒体内表面、搅拌轴、桨叶、内冷挡管等）均进行电解抛光处理，以保证釜内的表面质量要求。

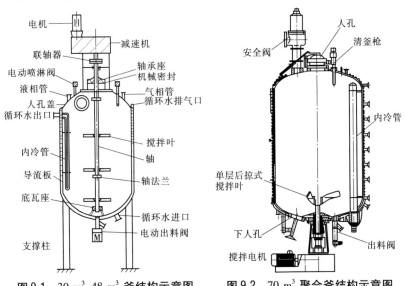

图9-1　30 m³、48 m³ 釜结构示意图　　　图9-2　70 m³ 聚合釜结构示意图

3.110 m³ 聚合釜

结构示意见图9-3。

(二) 浆料槽

浆料槽在工艺流程中起到连接上下工序的作用，即间断操作的聚合过程与连续操作的汽提、离心、干燥过程之间的缓冲作用。根据聚合釜容积及台数，浆料槽常见有45 m³、70 m³、110 m³、250 m³ 几种规格，搅拌形式有上搅拌、下搅拌两种。图9-4、图9-5分别给出了上搅拌形式的70 m³ 和110 m³ 浆料槽结构示意图。由于树脂颗粒在聚合结束时已定形，浆料槽搅拌的主要作用是使槽内树脂不发生沉降，不致引起

出料通道堵塞。

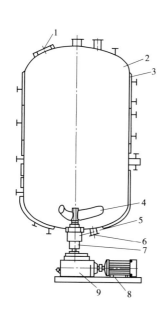

1—人孔;2—釜体;3—夹套;4—搅拌;
5—机械密封;6—底阀;7—齿轮联轴器;
8—电机;9—减速机

图9-3　110 m³ 聚合釜结构示意图

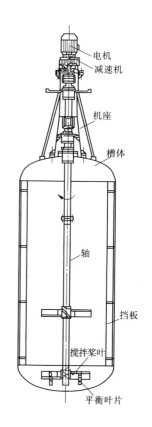

图9-4　70 m³ 浆料槽结构示意图

(三) 螺旋板换热器

该设备主要用来冷却塔底排出的高温浆料,以防树脂受热变色或降解。其可采用盘管式(带水冷却套管)或螺旋式两种。现常用螺旋式(见图9-6),虽然可预热进塔冷料,使塔底热料的余热得到回收,但为防止低流速(一般要求大于0.5 m/s)产生颗粒沉降而堵塞通道,设备加工及操作控制要求较高。

(四) 树脂料浆过滤器

图9-7 给出了树脂料浆过滤器的结构:这种树脂过滤器可设置在

聚合釜或料浆处理槽出口与料浆泵之间的进口管道上,用于过滤料浆中夹带的粘釜物和轴瓦处摩擦生成的"塑化片"。滤网 3 由不锈钢板冲孔制成筛板,再卷焊而成。

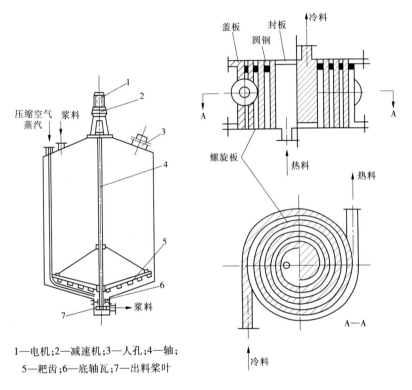

1—电机;2—减速机;3—人孔;4—轴;
5—耙齿;6—底轴瓦;7—出料浆叶

图 9-5　110 m³ 浆料槽结构示意图　　**图 9-6　螺旋板换热器结构示意图**

过滤器安装时与平面呈 30°夹角,以利滤渣的清理。当使用一定周期后,由于滤网内侧表面为"塑化片"堆满,阻力逐渐增大,可借冲洗管 4 冲洗,或由上下手孔 1 处清理后,再投入运转,故在连续操作场合常设置两台过滤器,以供清理时切换使用。

(五)汽提塔

图 9-8 给出了穿流式(无溢流管)筛板汽提塔的结构示意图。

这种处理浆料的筛板塔,为防止树脂的堵塞和使物料在全塔范围

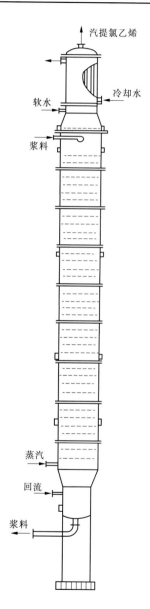

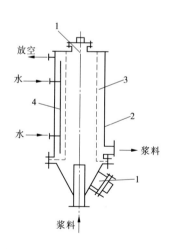

1—手孔;2—筒体;3—滤网;4—冲洗管

图 9-7 树脂过滤器结构示意图

图 9-8 汽提塔结构示意图

内的停留时间均匀,通常采用无溢流管的大孔径筛板,筛孔直径选用 10~15 mm。为提高塔板传质效率和处理弹性(负荷的波动范围),也有采用大小孔径混合的筛板。为使浆料经处理后,残留单体降低到 10 mg/kg 以下,一般汽提塔内设置 20~40 块筛板,筛板之间借若干拉杆螺栓和定位管固定,保持板间距在 200~350 mm。应严格控制筛板与塔节内壁的间隙允许公差,以防止塔底上升的蒸汽与塔顶下流的浆料,在此环隙部位发生偏流或短路,不利于传热和传质过程。

塔顶部的回流冷凝器,系由管间冷却水将上升蒸汽中水分冷凝,并喷淋入浆料进口上方的一块淋洗筛板上。因此,冷凝器的设置即可使塔顶抽逸的单体气流中的水分含量降低,不致堵塞回收系统管线;又能将含有溶解氯乙烯的冷凝水,喷淋入塔内再进行汽提处理;可节省塔顶为稀释浆料而连续补充的软水。

六、基本操作

(一)聚合工序

1. 聚合釜的进料操作

(1)与氯乙烯工序联系,将氯乙烯单体送入单体贮槽中,确保配方中单体质量合格。

(2)根据生产配方确认并设置好配方参数。

(3)对聚合釜进行试漏,确保设备具备压料条件。

(4)70 m³、110 m³ 聚合釜需进行抽真空处理,使釜内含氧合格。

(5)启动加料程序,认真核对各加料流量是否正确,并确认各物料加量准确,各工艺参数控制在正常范围内。

2. 聚合釜正常控制操作

(1)首先检查进料的操作记录,包括原料分析数据、单体槽、热水槽液面及温度或蒸汽的压力补充冷却水总压力、搅拌电机运转情况。

(2)应严格按规定的反应温度控制,使温度波动范围不超过 ±0.5 ℃。发现仪表控制不正常情况,应及时联系和处理。

(3)遇激烈反应而冷却水补充阀全开时,可借高压水泵加入计量的无离子水,以维持正常反应温度和压力,如果釜温、釜压仍然控制不住,可提前终止反应。

(4)应按时巡回检查及填写原始记录。

(5)当釜内反应达到出料标准,可通知出料。

(二)汽提工序

1. 开车前准备

(1)离心机供料槽冲洗干净。

(2)各调节阀及仪表控制点在正常使用状态。

(3)管道上各排污阀已处于关闭状态。

(4)汽提塔冷凝器冷却水进、出口阀门处于开启状态。

(5)离心、干燥岗位已具备开车条件。

2. 开车

(1)检查浆料泵机封水是否正常,泵启动是否正常。

(2)启动汽提塔进料泵,打开出料槽底阀,使浆料在出料槽内进行自身循环。

(3)打开进料管上冲洗水自动阀,向塔内冲洗水,当塔底有液位显示后,关闭去离心机供料槽进料手阀,打开出料泵回流阀,开启汽提塔出料泵冲洗汽提塔及回流管。

(4)确定回流管冲洗干净后,打开离心机供料槽前排污阀,关闭回流阀,冲洗出料管路。

(5)观察供料槽前排污情况,待确认管路畅通且排污水为清水时,表明管路已冲洗干净,关闭冲洗水自动阀。

(6)手动(或自动)调整蒸汽自动阀,向塔内通入蒸汽升温,当塔底温度100 ℃、塔顶温度80 ℃以上时,打开汽提塔进料自动阀,向汽提塔内进料,打开离心机供料槽进料手阀,关闭供料槽前排污阀,向供料槽内进料。

(7)缓慢调节汽提塔进料量及蒸汽流量,保持汽提塔工作正常。

(8)汽提塔塔顶出来气体先直接排空,取样分析含氧小于3%时,方可将去气柜自控阀调为自动状态,氯乙烯气体排向气柜。

3. 正常操作

(1)按照规定填写好原始记录报表,并做好巡回检查。

（2）及时了解掌握仪表运行情况,发现异常情况及时汇报处理。

（3）与离心及聚合岗位保持联系,做好汽提塔正常进料工作。

4.停车操作

（1）短期停车。如遇到物料接不上、浆料过滤器堵、离心机岗位故障等问题,需要在短时间内停止汽提塔进料,可进行短期停车操作:

①打开汽提塔进料、出料回流阀门,打开塔顶喷淋水阀门。

②关闭汽提塔进料自动阀,停止向塔内进料使浆料在出料槽内进行自身循环。

③关闭蒸汽阀门。

④开冲洗水阀冲洗塔及各物料管线,直至离心机供料槽进料阀放出清水为止,关闭供料槽进料阀,关冲洗水阀,关塔顶喷淋水阀门,将塔底液位维持在正常的操作范围。

⑤维持运行,当汽提塔需要再次运行时,按开车步骤进行操作。

（2）长期停车:

①设备检修,产品更换型号,汽提塔必须进行冲洗,使塔内干净,无积料。

②各浆料槽冲洗干净。

③关闭蒸汽自动阀及对应总阀。

④开塔顶喷淋水阀及冲洗水阀,对汽提塔及相应管线进行冲洗,直至离心供料槽排污口无物料排出,关闭塔顶喷淋及冲洗水阀。

⑤开汽提塔底部排污阀,将冲洗水排放干净,关闭汽提出料泵,将水排放干净,关闭塔顶冷凝器冷凝水阀门。

（3）事故停车。如遇到停电、停水、停气等突发事故,无法开车,汽提塔应做紧急停车:

①关闭出料槽底阀。

②关闭汽提塔出料阀门。

③关闭蒸汽总阀。

④打开换热器进出口排污阀,放净换热器内物料。

⑤处理完毕后,待来水、来电后再进行彻底冲洗,按开车程序重新开车。

七、故障现象与处理方法

（一）聚合工序

聚合工序故障现象与处理方法见表9-7。

表9-7　聚合工序故障现象与处理方法

序号	故障现象	原因分析	处理方法
1	搅拌电流波动或上升	（1）搅拌叶上有块状物 （2）釜内爆聚有大粒料生成 （3）搅拌叶脱落，负荷不平衡 （4）聚合体系黏稠 （5）马达、电气故障	（1）坚持反应结束，清釜 （2）停止反应，发现颗粒异常，不干燥 （3）立即出料或倒釜 （4）打高压水，加大冷却水量 （5）尽快排除故障，必要时回收出料或倒釜
2	聚合釜内温度压力急剧上升	（1）操作不慎，给水不及时 （2）冷却水量不足 （3）配方误差，引发剂多加或软水少加 （4）爆聚前奏 （5）搅拌出故障，桨叶脱落，联轴器松脱 （6）仪表故障，影响供水	（1）迅速给冷却水 （2）向釜内加高压水 （3）调整引发剂用量，加高压水稀释或部分出料 （4）提前出料 （5）紧急出料或倒釜 （6）改手动操作
3	升温时压力上升快	单体或水多加	部分回收，升温速度减慢
4	轴封漏气	（1）机械密封动静环损坏 （2）密封不严	（1）如机械密封外泄不严重，可持续维持；泄漏严重时，立即出料或倒釜 （2）出料后立即检修
5	聚合反应时间长，反应慢	（1）引发剂太少或失效 （2）单体质量差	（1）调整配方，原料严格分析 （2）提高单体质量

续表 9-7

序号	故障现象	原因分析	处理方法
6	出现轻料	(1)单体中含低沸物多 (2)体系中含氧多 (3)提前出料	(1)提高单体质量 (2)延长真空时间,添加抗氧剂 (3)正常情况下,不宜提前出料
7	电流高	(1)配方不准,单体多或水少 (2)粗料 (3)爆聚前奏 (4)搅拌系统有问题 (5)充料系数过大	(1)调整配方,若不超过补充系数,可加高压水稀释 (2)排空出料 (3)提前出料 (4)立即出料或倒釜 (5)压入备釜,或部分出料
8	爆聚	(1)聚合升温时未开搅拌 (2)水油比失调 (3)分散剂未加或少加 (4)引发剂量大,冷却水不足 (5)搅拌叶脱落或机械故障	(1)釜底取样后视情况排气回收单体或紧急出料 (2)釜底取样后视情况排气回收单体或紧急出料 (3)釜底取样后视情况排气回收单体或紧急出料 (4)釜底取样后视情况排气回收单体或紧急出料 (5)停车检修

(二)汽提工序

汽提工序故障现象与处理方法见表9-8。

表9-8　汽提工序故障现象与处理方法

序号	故障现象	原因	处理方法
1	汽提塔进料流量突然下降	(1)进浆料管道堵塞 (2)浆料过滤器堵 (3)汽提塔进料泵故障	(1)关进料阀,冲洗管道 (2)清洗过滤器 (3)切换汽提塔进料泵,检修

续表9-8

序号	故障现象	原因	处理方法
2	塔顶压力波动	(1)蒸汽压力、流量及浆料流量波动 (2)压力调节阀失灵 (3)排气管道积水 (4)冷凝水槽满 (5)塔顶冷凝器断水	(1)调节蒸汽阀或浆料进料阀、回流阀控制塔稳定运行 (2)请仪表工检修 (3)排出积水 (4)打开手阀放水 (5)恢复供水
3	冷凝水槽带料	(1)浆料加量过大 (2)蒸汽通量过大 (3)塔内压差高	(1)降低入塔浆料量 (2)降低蒸汽流量 (3)开水阀冲洗，降低塔压差
4	残留超标	(1)入塔浆料流量过大 (2)蒸汽流量不足 (3)塔顶气相温度太低 (4)塔顶压力太小 (5)汽提塔堵，间断下料	(1)调整入塔浆料流量 (2)调整蒸汽流量 (3)提高塔顶气相温度 (4)增加塔顶压力 (5)清洗汽提塔
5	塔底液位过低	(1)进塔流量过小 (2)汽提塔堵，间断下料 (3)仪表失控	(1)调大进塔流量 (2)停止进料，通蒸汽，加水冲洗 (3)请仪表工检修
6	塔底液位过高	(1)出料泵出现故障 (2)进塔流量过大 (3)仪表失控	(1)切换备用泵 (2)调小进塔流量 (3)请仪表工检修

第二节　聚氯乙烯树脂的脱水干燥及包装

一、工艺原理

(一)干燥的原理

PVC树脂是热敏性物质，受热容易分解。外观为白色颗粒状粉末。颗粒结构疏松,有孔隙。湿物料颗料内部带有结合水,堆积密度约 0.5 g/mL。

PVC 树脂干燥可分成二个阶段,即恒速段和降速段。聚合浆料经离心分离后,滤饼的含水量一般在 23% ~ 27%,干燥后要求成品水分在 0.5% 以下。占湿物料总水量 92% 为颗粒表面水分,由恒速段来除去,降速段除去颗粒内部结合水占 8%。

在恒速段,物料温度不再上升,全部热量用于汽化水分,颗粒表面水分汽化速率恒定,树脂不会引起分解。当表面水分除去后,接着除去颗粒内部结合水,大部分热量加热物料,物料温度随时间推移不断上升,干燥速率下降,称为降速段。在此干燥段,为防止 PVC 树脂的分解变色,一般采用低温、长停留时间干燥工艺。

在干燥生产上常用气流干燥法,即瞬时干燥,物料在干燥器内停留时间只是 1 ~ 3 s,进行传质和传热,将其表面大量水分挥发,而在以后部位的干燥速度逐渐减慢。

沸腾干燥又称流态化干燥。干燥热空气自下而上地通过多孔花板与花板上固体颗粒进行充分的混和和湍动,使床层内进行传质传热,将颗粒内部的水分逐步脱析出来,使树脂的含水量达到 <0.4%,挥发出的水蒸气排入大气中。

PVC 树脂内存在一定的孔隙,湿树脂干燥时,开始干燥速率由于表面水分的汽化,较快且是匀速的;而当达到一定时间后,即临界点以后物料处于内部水分的扩散时,干燥速度变为减速,该临界点即称为临界湿含量。

(二)影响因素

影响沉降式离心机脱水的因素,有树脂的颗粒形态、加料量、浆料浓度和堰板深度等。

(1)树脂颗粒形态。聚氯乙烯树脂颗粒具有多细胞的结构,孔隙率大小和颗粒外形的规整性,对离心脱水效果和处理能力均有一定影响,孔隙率高的疏松型树脂,由于内部水分多而不易脱除,卸料湿树脂中含水量就高;反之,孔隙率低的树脂,含水量就较低。

(2)加料量。一般随着加料量的增加,卸料湿树脂中含水量也稍有提高,当超过该离心机的处理能力时,过载安全装置就会自动跳开将机器停下。

（3）浆料浓度。浆料浓度越高,脱水效果越好,但过高浓度的浆料在输送过程中易堵塞管道,一般以30%～35%为宜。

（4）堰板深度。最大的溢流堰板深度,将获得最佳的排出液澄清度,即母液含固量最低,而卸料湿树脂含水量较高;最少的堰板深度,将使母液含固量上升,而卸料湿树脂含水量达到最低。因此,应根据实际的需要对堰板进行适当的调整。

二、工艺流程

汽提处理后的 PVC 悬浮液经离心机进料管、螺旋出料口进入转鼓,在高速旋转产生的离心力作用下,比重较大的固相颗粒沉积在转鼓内壁上,与转鼓做相对运动的螺旋叶片不断地将沉积在转鼓内壁上的固相颗粒刮下并推出排渣口,分离后的清液经堰板开口流出转鼓。螺旋与转鼓之间的相对运动是由差速器来实现的,差速器的外壳与转鼓相连,输出轴与螺旋相连,输入轴与涡流控制器相连。电机带动转鼓旋转的同时也带动了差速器外壳的旋转,由于输入轴被控制,从而驱动行星轮带动输出轴旋转,并按一定的速比将扭矩传递给螺旋,实现了离心机对物料的连续分离过程。

离心脱水后的湿物料经搅笼（或破碎机）送至干燥系统,由鼓风机吸入过滤后的空气,送至散热片热交换后也进入干燥系统,树脂随热风上升,带有树脂的气流在较高速度下,以切线方向进入旋风分离器,绝大部分 PVC 树脂沉降下来,落至振动筛,经过筛后,PVC 树脂粉通过风送系统顶部料斗加入到旋转加料器内,而含尘排气自小旋风分离器分离,PVC 粉料经小旋转加料器回收,气体由抽吸风机排入大气;同时成品 PVC 粉料通过在线喷射器将旋转加料器内的物料送至成品料仓顶部,物料落入料仓,经自动包装系统包装成成品出售;进入料仓内气体经料仓顶部的袋式过滤器过滤后排入大气。由 1# 旋风分离器分离后的少量较细尾气料被吸入 2# 旋风分离器分离下来,湿空气由引风机出口排出。

　　料仓内的聚氯乙烯树脂成品粉料经来料管线进入包装机的储料斗内,物料在储料斗中靠重力经电子秤的分料器进入全自动称重包装及输送监测系统。实现物料的全自动称重,每秤质量为 25 kg,等待开袋后投料。包装袋放在供袋盘上自动卷入包装机,开袋后以每袋 25 kg 装袋,装完物料的袋子通过立袋输送袋进入夹口整形、缝口、热封工序后,料袋经倒袋机放倒、整形压平机压平整形,料袋进入电子复检秤进行复检,当电子复检秤检测到不合格料袋时,会发出声光报警,喷墨打号机打印批号标记。

三、主要控制指标

主机运转电流:

LW520A Ⅱ 型离心机≤93 A

LW630 – N 型离心机≤180 A

LW1050 – N 型离心机≤280 A(吉化),TRH084 型离心机≤400 A(日本巴工业)

SG 型树脂水分≤0.5%

四、主要生产设备

(一)离心机

　　聚氯乙烯树脂浆料脱水设备为离心机,主要有卧式刮刀卸料离心机和螺旋沉降式离心机,这里只对卧式螺旋沉降式离心机结构原理进行介绍。图9-9 给出了卧式螺旋沉降式离心机的结构原理。

　　由图9-9 可见,电机 1 通过 V 形皮带驱动旋转轴高速旋转,借行星齿轮箱 5 装置,使转筒 3 与螺旋 4 之间存在同方向的转速差,即螺旋转速稍慢于转筒,但两者旋转方向相同,悬浮液浆液由旋转轴经加料孔加入转鼓内,由于离心力的作用。相对密度大的固体颗粒沉降于转筒内面,并由相对运动的螺旋,推向圆锥部分的卸料口排出,而母液则由圆筒部分另一端的溢流堰 6 处排出。为防止排卸出的"液—固"返混,外罩 2 与转筒 3 之间设置有若干隔板。显而易见,增加圆锥部分,将使物料离心更充分,排出湿树脂的脱水更完全;而延长圆筒部分,则使母液的沉

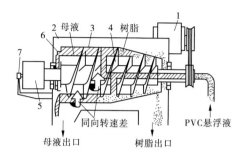

1—电机;2—外罩;3—转筒;4—螺旋;5—齿轮箱;6—溢流堰板;7—过载保护

图9-9　螺旋沉降式离心机的结构原理

降更完全,排出母液的含固量更低。对于给定的机器,尚可通过溢流堰板深度的调节来调节最大处理能力,以及湿树脂含水量或母液含固量。

此种离心机与物料接触部分,均采用不锈钢材质,对于螺旋顶端、进料区表面及湿树脂卸料口等易摩擦部位,采用堆焊耐磨的硬质合金处理。此外,该离心机尚设有过载安全保护装置,系由齿轮箱的小齿轮轴伸出,与装在齿轮箱外的转矩臂连接构成。正常情况时,由于弹簧的作用,转矩臂将顶压着转矩控制器,而一旦转筒内固体物料量过多,或螺旋叶片与转筒内壁的余隙为物料轧住时,螺旋发生过载,转矩臂就会自动脱开转矩控制器,使转筒与螺旋之间转速差顿时消失,从而避免转筒、螺旋或齿轮箱的损坏。

该离心机同时设有专用的润滑油循环系统(包括油泵及冷却器等),操作时对油的温度、压力和流量均有严格的要求。此外,为减少机器的振动和保持稳定运转,在安装或使用过程中,出料管或进料管周围,应留有足够的振动间隙及选用软性连接。

与转鼓式离心机相比,螺旋沉降式离心机具有操作连续、处理能力大、运转周期长、母液含固量低、处理浆料的浓度和颗粒度的范围宽等一系列优点,因此,已成为聚氯乙烯树脂生产中最广泛采用的脱水设备。

(二)干燥器(床)

1. 内加热管型卧式多室沸腾干燥器(床)的结构

图9-10 给出了内加热管型卧式多室沸腾干燥器(床)的结构。

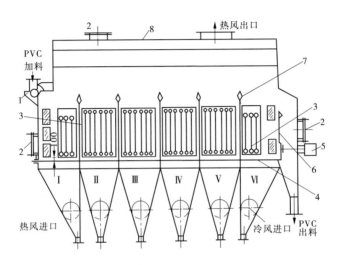

1—松料器;2—人孔;3—加热管;4—分布板;5—出料阀;6—溢流板;7—隔板;8—外壳

图 9-10　内加热管型卧式多室沸腾干燥器(床)结构示意图

由于沸腾床的传热系数比一般的气—固相要大得多,因此在床层中传热效率获得提高。目前,已见有单段内热式沸腾床(革除气流干燥)来直接处理离心后的 SG 型湿树脂,其具有流程简单、动力消耗低和热效率高等优点。

2. 旋风干燥器(床)

1)基本结构

旋风干燥器(床)是由一个带夹套的圆柱形筒体组成,内有带一定角度的若干层环形挡板将干燥器(床)分成几个室,最下部为一个带锥体形的干燥室,停车后由下面放料孔卸料。湿物料和热气体由底层切线方向进入,从下往上在各室中旋转逐渐通过各挡板中心开口处,上升至顶部中心切线出口送出。夹套、筒体、3~8 块锥隔板和中心管(中心管上装有气固导向增速器和气固混合装置)等部件是旋风干燥器(床)的关键部件,它的设计直接关系到旋风干燥器(床)的干燥能力和能耗。结构示意图见图 9-11。

气流夹带着树脂切线高速进入旋风床,物料在床内高速旋转产生强大的离心力,离心力和重力迫使气固相分离,形成大的速度差,从而加大了气固相间蒸汽压差,加快了物料水分蒸发及汽化速度。

2)优点

(1)角速度高,有较好的干燥效果,改变 PVC 生产型号简便,不需要清理干燥器(床),只要停止进料,再继续开动鼓风机 15 ~ 30 min,停止鼓风机后由干燥器(床)底部排出剩余产品即可。解决了内热式沸腾床更换 PVC 型号时的混料现象。

(2)旋风干燥器(床)没有死床现象,且没有小颗粒 PVC 被过度干燥而造成树脂分解现象,有利于树脂质量的提高。

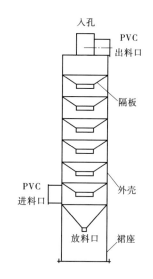

图 9-11　旋风干燥器(床)结构示意图

(3)设备制造简单,一次性投资低、维修费用低。

五、基本操作

(一)离心岗位

1. 开车前准备工作

(1)检查润滑系统是否正常。

(2)检查传动三角带是否正常。

(3)检查差速器和力矩保护装置。

(4)检查主机各部有无异常。

(5)通知汽提岗位离心准备工作完毕。

2. 开车操作

(1)启动润滑系统油泵,检查管道是否漏油。

(2)检查轴承入口油温、泵出口压力、进轴承压力及流量是否达到指标要求;否则,检查过滤部件,如有堵塞,将其清洗或更换。

(3)油压正常,主轴承进、回油正常后,启动主机,并通知干燥开车。

(4)加注冲洗水 5 ~ 10 min,确认运行正常后,关闭冲洗水阀,打开进料阀,逐步加大进料量,工作电流不能超过主机运转电流。

(5)观察主机运行是否平稳,处理效果是否正常。

(6)定时对机器各部位巡视检查一次,并做好运行记录。

(7)及时处理异常情况,并做好记录。

3. 停车操作

(1)接到停车通知时,应逐步减少进料量,直至停止进料,关闭进料阀。

(2)通知干燥停车。

(3)打开冲洗水阀,加冲洗水冲洗 10 ~ 15 min。

(4)关闭冲洗水阀,停主机。

(5)主机完全停止后,停油泵电机。

(二)干燥岗位

1. 准备工作

(1)接汽提岗位通知,了解干燥物料的型号和批号。

(2)检查所有传动设备、阀门、仪表是否完好、灵活、准确。

(3)检查干燥系统、风送系统各段管道是否畅通。

(4)检查风送系统管线和设备上静电接地线是否连接完好。

(5)检查鼓风机、引风机、罗茨风机等设备的润滑保养情况及地脚螺栓紧固情况等。

(6)打开风送系统中所有压力表、压力开关、差压计的切断阀及旋转阀轴封气、袋滤器反吹手动切断阀,接通罗茨风机循环水。

(7)将相关电动设备操作柱上的转换开关打到自动以便实现 DCS 上的控制。

2. 开车操作

(1)接到离心机岗位开车通知后,先启动引风机,观察其电流正常后,再启动鼓风机,检查旋风干燥器出口压力是否在正常范围内。

(2)打开干燥蒸汽阀门升温,同时打开排水阀,待散热器冷却水放完后,关闭排水阀。

（3）当干燥器温度达到规定指标时,离心机岗位开始进料,并启动振动筛,将产品型号、批号通知包装岗位,并按时记录。

（4）接到离心开始进料通知后,启动搅笼。

（5）按风送系统启动按钮,进入自动工作程序。

（6）调节散热器蒸汽阀门,检查 PVC 树脂干燥情况和搅笼运转速度,保证干燥器内物料温度合适。

（7）检查风送系统电流、电压及料仓液位等,及时通知包装岗位。

（8）按时检查振动筛运行情况,防止下料过快造成筛子堵塞,同时检查旋转加料器、电机的运行情况,确保物料输送通畅。

3. 停车操作

（1）接到离心岗位停车通知后,干燥工应在确定搅笼内有少许存料时,停止搅笼。

（2）关闭蒸汽阀门。

（3）当干燥器内温度 <50 ℃时,先停鼓风机,后停引风机。

（4）停振动筛和风送系统加料器。

（5）延时一段时间进行管线吹扫后,停止粉料输送风机、抽吸风机、旋转加料器等。

（6）停旋转加料器轴封气阀,关闭袋式过滤器的时序控制阀。

（三）自动包装岗位

1. 开机前准备

（1）包装袋就位。

（2）打印机打印内容正确。

（3）真空泵水箱水位正常。

（4）仪表气压力是否在 0.5~0.7 MPa 范围内。

（5）油雾器的耗油量应在每分钟 5 滴左右。

（6）气动装置完好,无漏气现象。

（7）各部分润滑情况良好。

（8）设备运行的禁入区没有人或其他杂物。

（9）各控制开关及指示灯灵活有效。

（10）光电开关镜头清洁,作用范围适当,没有无关物体遮挡。

(11)接近开关位置准确,安装牢固,没有无关金属物体靠近。

(12)真空检测开关和压力检测开关的设定值正确有效。

(13)触摸屏的初始化界面中的设置是否正确。

2. 开机程序

开机按照输送、检测机组—称重、包装机组的顺序启动。

(1)将输送、检测机组控制盘上的位置选择开关打至"联动"位置。

(2)将热封机操作盘上的加热器开关打至"启动"位置。

(3)将缝纫机按钮盒上的"手动输送"选择开关选至"停"位置。

(4)将缝纫机按钮盒上的"手动释放"选择开关选至"锁定"位置。

(5)确认热封机温度升至 $100 \sim 120$ ℃。

(6)确认包装机操作盘上的"急停"开关处于松动位置。

(7)在包装机操作主界面上点选"自动运行"。

(8)在"自动运行"窗口点选"真空泵"并确认真空泵启动。

(9)在"自动运行"窗口点选"称联锁"。

(10)按包装机操作盘上的"复位"按钮,进行设备复位。

(11)按包装机操作盘上的"启动"按钮,启动称重、包装机组。

(12)确认各机组工作正常。

3. 注意事项

(1)进入供袋机整理袋形或取走空袋时,确保供袋机完全停止。必要时,要切断电源、气源。

(2)进入装袋机取走空袋时,确保装袋机完全停止。必要时,要切断电源、气源。

4. 停机程序

1)正常停车

确认机组的各部机都已完成它们的操作后,按下操作盘或现场操作盒上的"停止"按钮,机组转入停止状态。

2)紧急停车

在紧急情况下,应立即按下操作盘上的急停开关,锁定包装、码垛停止信号,包装机或码垛转入急停状态。紧急情况处理完成后,放开急停按钮。

3）元件故障处理方法

A. 处理方法1（到位后接近开关无信号）

（1）检查接近开关与感应板是否不对正或距离远。

（2）检查接近开关相关接线是否松动或断线，重新连接。

（3）检查接近开关是否损坏，若损坏则更换，检查方法如下：

①首先检查接近开关是否有 DC24 V 电源。用普通数字或摆针万用表即可，把万用表调到直流挡电压（DC）挡，用两只表笔分别接触到光电开关的棕色和蓝色线芯，这时表的读数应为 DC24 V，这表明开关有电了。

②检查接近开关是否有输出信号。

判断接近开关已经有电后，把蓝线上的表笔拿下，接触到黑色线（信号线）芯上，拿一个金属物体靠近光电开关（不要接触），这时表的指示为 DC24 V（开关后面的指示灯亮起），拿开金属物体表指示 0 V（开关后面的指示灯灭），反复几次都如此，说明接近开关是好的；反之，表指示一直是 DC24 V 或 0 V，说明开关损坏了。

B. 处理方法2（到位后光电开关无信号）

（1）检查对射式光电开关发射端与接收端是否对正，反射板式光电开关与反射板是否对正，直反式光电与被检测物体的距离是否合适。

（2）是否有异物遮挡光电开关，检查光电开关相关接线是否松动或断线，重新连接。

（3）检查光电开关是否损坏，若损坏则更换开关，检查方法如下：

①如果是对射式或反射板式光电开关，保证发射和接收，发射和反射板对正，并在带电状态下。

②首先检查接近开关是否有 DC24 电源。

③用普通数字或摆针万用表即可。把万用表调到直流挡电压（DC）档，用两只表笔分别接触到光电开关的棕色和蓝色线芯，这时表读数应为 DC24 V，表明开关有电。

④检查光电开关是否有输出信号。

⑤判断光电开关已经有电后,把蓝线上的表笔拿下,接触到黑色线(信号线)芯上,拿一个物体靠近光电开关,这时表的指示为 DC24 V,拿开物体指示 0 V,反复几次都如此,说明光电开关是好的;反之,表指示一直是 DC24 V 或 0 V,说明开关损坏。

C. 处理方法 3(气缸动作后,其上磁环开关无信号)

(1)磁环开关位置不正,移动磁环开关,使其上指示灯亮起,再固定磁环开关。

(2)磁环开关故障,更换。

(3)检查磁环开关相关接线是否松动或断线,重新连接。

(4)气缸杆没有完全伸出或缩回到位,可调节气缸缓冲垫,使缸杆完全伸出或缩回。

D. 处理方法 4(检查电磁阀是否故障)

(1)电磁阀指示灯已亮起,电源已接通,但气缸不动作,可能是阀心故障,更换电磁阀。

(2)电磁阀上指示灯已经亮起,电磁阀换向,但气缸还动作,可能本气动回路的调速阀被关闭,气体无法通过,打开调速阀。

(3)电磁阀相关接线松动、断线,检查并重新连接。

六、故障现象与处理方法

(一)离心机

离心机故障现象及处理方法见表9-9。

表9-9　离心机故障现象及处理方法

序号	故障现象	原因	处理方法
1	启动困难	(1)启动电流大,时间长,造成电气开关保护性动作 (2)转鼓内存留物多、螺旋受阻 (3)供油站油压低或压力继电器失灵	(1)适当调整时间继电器(约35 s) (2)加清水冲洗并配合手动盘车 (3)调整相关部件

续表9-9

序号	故障现象	原因	处理方法
2	振动过大	(1)转鼓内有不均匀沉积物 (2)转鼓或螺旋上的轴承损坏 (3)旋转部件的连接处有松动变形 (4)进料不均匀 (5)更换的新部件动平衡不好	(1)加清水冲洗并配合手动盘车 (2)更换损坏轴承 (3)检查修复 (4)调整负荷 (5)调整或更换
3	主轴承温度过高	(1)供油量小或断油 (2)油箱中油温太高 (3)轴承损坏或间隙太小 (4)润滑油变质 (5)皮带张的过紧	(1)检查油压、油量、输油管路 (2)检查冷却系统及冷却水流量 (3)更换轴承或调整间隙 (4)更换新油 (5)重新调整
4	差速器温度过高	(1)差速器缺油 (2)负荷太大 (3)散热不好 (4)差速器内部轴承或零件损坏 (5)新差速器	(1)检查差速器油位 (2)调整负荷 (3)改善环境温度 (4)检修差速器 (5)磨合期轻载运行
5	转鼓与螺旋频繁同步	(1)进料多,负荷大 (2)限距保护弹簧松动 (3)螺旋与转鼓之间有碰卡现象 (4)差速器损坏 (5)母液中粗大颗粒进入离心机	(1)调整进料量 (2)重新调整 (3)检查螺旋 (4)更换 (5)检查过滤装置
6	运行中停车	(1)扭矩保护跳开或行程开关误动作 (2)油压过低或油压继电器误动作 (3)主电机过载 (4)控制元件失灵	(1)查明原因,恢复保护 (2)查明原因,重新调整 (3)降低负荷 (4)检查更换

续表9-9

序号	故障现象	原因	处理方法
7	不排料	(1)悬浮液浓度太低或进料量太少 (2)机器旋转方向相反 (3)差速器损坏 (4)自动控制系统失灵	(1)加大进料量 (2)查明原因,改正过来 (3)更换新的差速器 (4)检查自动控制系统
8	澄清度或干燥度不充分	(1)液池深度不对 (2)螺旋叶片磨损严重 (3)进料速率太高 (4)液相乳化,固相降质 (5)皮带张紧不当,转速下降	(1)重新调试评价 (2)更换或修理 (3)降低料液槽高度 (4)检查物料 (5)调整皮带张紧
9	清液中含料量高	(1)分离因数低 (2)进料量太大 (3)液层深度太浅	(1)提高转鼓转数 (2)减少进料量 (3)调整液层深度
10	负荷大,但不排料	(1)转鼓排料口堵塞 (2)外壳与转鼓间有料堆积 (3)功率显示仪表失灵,导致自动控制阀不开(仅限自动系统的机器)	(1)停机检查 (2)开罩检查 (3)检查更换
11	有异常噪声	(1)轴承损坏 (2)有碰擦机壳或管线现象	(1)检查更换 (2)检查排除

(二)干燥系统

干燥系统故障现象及处理方法见表9-10。

(三)风送系统

风送系统故障现象与处理方法见表9-11。

表 9-10 干燥系统故障现象及处理方法

序号	故障现象	原因	处理方法
1	搅笼倒风	搅笼未充满料或料斗料少	(1)停风机,待物料进入搅笼再开启风机 (2)通知离心岗位查找不下料原因
2	气流风压偏高或偏低	(1)干燥管或弯头堵塞 (2)风机挡板动 (3)空气过滤介质脏 (4)导压管堵或烂	(1)停车清理 (2)调整风机挡板 (3)更换或清洗过滤介质 (4)及时检查或更换导压管
3	旋风干燥器物料过多	进口风压低	检查,调整风压
4	搅笼不转	(1)搅笼内有棉丝、硬皮等杂物或皮带松动 (2)搅笼叶片变形 (3)轴承坏	(1)拆开搅笼手孔处理,调节皮带压轮或更换皮带 (2)请维修工检查 (3)停车更换
5	成品水分过高	(1)风温低 (2)风量不合适 (3)散热器漏 (4)加料速度过快,进料量大	(1)调节蒸汽阀门 (2)调节风量 (3)请维修工解决 (4)重新调整搅笼速度及进料量
6	成品有黑点、发黄或发灰	(1)汽提温度过高 (2)干燥温度过高 (3)空气过滤器太脏 (4)塔底存料 (5)干燥管内壁粘料	(1)通知汽提岗位注意操作 (2)降低干燥温度 (3)清理空气过滤器过滤杂质 (4)清塔 (5)清理塔壁

表 9-11　风送系统故障现象与处理方法

故障现象	原因	处理方法
风量不足	(1)风机叶轮间隙增大 (2)皮带过松打滑	(1)修复间隙 (2)张紧皮带
电机超载	(1)过滤器或管路堵塞 (2)风机叶轮与叶轮墙板与机壳摩擦	(1)清除堵塞物和障碍物 (2)检查原因,修复间隙
过热	(1)主油箱内的润滑油过多 (2)升压增大 (3)叶轮磨损,间隙放大 (4)水冷油箱冷却不良	(1)调整油位 (2)减小系统阻力,降低机组升压 (3)修复间隙 (4)确保冷却水畅通并满足使用
敲击声	(1)可调齿轮和叶轮的位置失常 (2)装配不良 (3)异常压力上升 (4)超载或润滑不良造成齿轮损伤	(1)重新调整位置 (2)重新装配 (3)查明压力上升原因并排除 (4)更换同步齿轮
轴承、齿轮严重损伤	(1)润滑油不良 (2)润滑油不足	(1)更换润滑油 (2)补充润滑油
轴、叶轮损坏	(1)超负荷 (2)系统气体回流	(1)查明超载原因,降低负荷 (2)查明原因,采取相应措施防止气体回流
振动加剧	(1)风机叶轮平衡破坏 (2)轴承磨损或损坏 (3)齿轮损坏 (4)坚固螺栓松动 (5)橡胶隔振器老化、损坏	(1)检查排除 (2)更换轴承 (3)更换齿轮 (4)检查后拧紧 (5)更换隔振器

续表9-11

故障现象	原因	处理方法
安全阀限压失灵	(1)压力调整有误 (2)弹簧失效	(1)重新调整 (2)更换弹簧
压力表失灵	压力表损坏	更换压力表

(四)自动包装系统

自动包装系统故障现象及处理方法见表9-12。

表9-12 自动包装系统故障现象及处理方法

序号	故障现象	原因	处理方法
	以下第1至第13条故障现象引起包装机不能启动,或在运行中停止,触摸屏上有故障提示。此时需要按"复位"按钮确认故障信息,清除蜂鸣器报警,参照触摸屏上的故障提示,按本节故障处理方法将故障排除,然后重新启动设备		
1	变频器故障(包括导向、立袋、热封)	(1)相应回路有接线松动或线路有人为改动 (2)变频器本身故障	(1)检查处理 (2)检查变频器面板输出的错误代码,参考变频器说明书处理
2	电机保护跳闸	检查控制柜内跳闸断路器所对应的电机故障的原因,做出相应的处理	
3	安全门限位开关故障	(1)安全门未关闭或未关到位 (2)限位开关或开关线路故障,开关松动	(1)关闭安全门 (2)检查并排除故障

续表 9-12

序号	故障现象	原因		处理方法
4	缝纫机断线	(1)钩针受伤 (2)穿线(针线或钩针线)调节张力太紧 (3)穿线(针线或钩针线)调节张力太松 (4)两条线从线架分别穿引到缝针和钩针之间,缠在一起或纠缠成一团 (5)穿线不对,缝线不穿过张紧盘 (6)缝针装上不对 (7)缝针弯或受伤 (8)发生重复缝纫 (9)误报断线故障或发生断线没有报警提示,断线检测接近开关故障或位置不正	参照缝纫机说明书处理	(1)更换钩针 (2)使线张力调松些 (3)使线张力调紧些 (4)注意勿让两线缠绕或纠缠 (5)正确穿引缝线 (6)正确装缝针 (7)更换缝针 (8)更换送料齿 (9)检查调整,若损坏则更换
5	停止信号故障	(1)包装机操作盘或缝纫机按钮盒上的停止按钮接线松动 (2)按钮本身故障		(1)检查并排除故障 (2)更换按钮
6	急停或控制电源未接通	(1)控制电源钥匙开关未接通或急停按钮处于锁定状态 (2)电源钥匙开关或急停按钮接线松动		(1)接通控制电源钥匙开关或释放急停按钮 (2)检查并处理
7	手动输送开关未在停止位	(1)缝纫机按钮盒上的手动输送开关未处于停止位置 (2)开关线路松动		(1)将开关旋向停止位 (2)检查并排除

注: 处理方法 1、2、3、4 见前文 235、236 页。

续表9-12

序号	故障现象	原因	处理方法
8	缝纫机闸手动释放状态	(1)缝纫机按钮盒上的"缝纫机闸手动释放"选择开关处于接通状态 (2)该选择开关线路松动,开关损坏	(1)将开关旋向左侧 (2)检查,若损坏则更换
9	夹袋器释放超时	(1)夹袋器释放到位,检测磁环开关故障 (2)夹袋气缸或电磁阀故障	(1)处理方法见前面所述元件故障处理方法3 (2)处理方法见前面所述元件故障处理方法4
10	抱夹半开位故障	抱夹半开位检测接近开关故障	检查并排除

以下为控制单元连锁故障

序号	故障现象	原因	处理方法
11	输送检测单元异常	(1)输送单元未能跟随包装系统正常启动 (2)连锁信号线松动	(1)检查输送检测单元未正常启动原因并排除 (2)检查并排除
12	热封故障	(1)热封单元未满足正常运行要求 (2)连锁信号线松动	(1)检查原因并排除 (2)检查并排除

以下异常现象出现时,系统以正常启动,如果系统正处运行状态,
也不会转入停止状态

序号	故障现象	原因	处理方法
13	抱夹闭合位故障	(1)抱夹闭合位置接近开关故障 (2)抱夹闭合未到位,机械卡住或物料过满 (3)抱夹气缸或电磁阀故障	(1)处理方法见前面所述元件故障处理方法1 (2)检查并排除 (3)处理方法见前面所述元件故障处理方法4

续表 9-12

序号	故障现象	原因	处理方法
14	抱夹全开位故障	(1)抱夹全开位置接近开关故障 (2)抱夹气缸或电磁阀故障	(1)处理方法见前面所述元件故障处理方法1 (2)处理方法见前面所述元件故障处理方法4
15	斜板下光电遮光超时	(1)有异物或位置不正的料袋遮挡 (2)光电开关故障	(1)检查并排除 (2)处理方法见前面所述元件故障处理方法2
16	斜板上光电遮光超时	(1)异物或位置不正的料袋遮挡 (2)光电开关故障	(1)检查并排除 (2)处理方法见前面所述元件故障处理方法2
17	夹袋压力不足	(1)夹袋压力检测开关设置值偏大 (2)正压检测管路、元器件故障	(1)适当调小设置值 (2)检查,有损坏更换
18	开袋真空不足	(1)真空检测开关设置值偏大 (2)检测管路、元器件故障 (3)各真空阀间有漏气现象	(1)适当调小设置值 (2)检查,有损坏更换 (3)检查并排除
19	供袋盘包装袋不足	(1)供袋盘中无包装袋 (2)如果供袋盘中有包装袋,则是其下的料袋检测光电开关故障	(1)放入包装袋 (2)处理方法见前面所述元件故障处理方法2

续表 9-12

序号	故障现象	原因	处理方法
以下为设备运行过程中,易发生的情况,在触摸屏上没有提示			
20	操作盘上按钮开关失效	接线脱落或按钮开关损坏	检查接线或更换
21	操作盘上指示灯故障	接线脱落或指示灯损坏	检查接线或更换
22	当工作盘无袋、备用盘有袋时,供袋盘不移动换盘	(1)工作盘光电开关故障 (2)气缸两端的磁环开关(A盘工作位,B盘工作位)故障 (3)备用盘侧电磁阀故障	(1)处理方法见前面所述元件故障处理方法2 (2)处理方法见前面所述元件故障处理方法3 (3)处理方法见前面所述元件故障处理方法4
23	工作盘有袋,但取袋器不取袋子	(1)取袋气缸回到位磁环开关故障 (2)工作盘光电开关故障 (3)送袋电磁阀故障	(1)处理方法见前面所述元件故障处理方法3 (2)处理方法见前面所述元件故障处理方法2 (3)处理方法见前面所述元件故障处理方法4
24	取袋器取袋后不向斜板送袋	(1)斜板上光电开关故障 (2)取袋气缸回到位磁环开关故障 (3)取袋电磁阀故障	(1)处理方法见前面所述元件故障处理方法2 (2)处理方法见前面所述元件故障处理方法3 (3)处理方法见前面所述元件故障处理方法4

注:序号20、21的"原因"栏标为"—"。

续表 9-12

序号	故障现象	原因	处理方法
25	斜板上有袋但抓袋气缸不抓袋	(1)袋子没下到位 (2)斜板上位光电开关故障 (3)斜板下位光电开关故障 (4)横进送袋减速接近开关故障 (5)抓袋电磁环开关故障 (6)抓袋电磁阀故障	(1)人工移走 (2)处理方法见前面所述元件故障处理方法2 (3)处理方法见前面所述元件故障处理方法2 (4)处理方法见前面所述元件故障处理方法1 (5)处理方法见前面所述元件故障处理方法3 (6)处理方法见前面所述元件故障处理方法4
26	抱夹已动作，但横进气缸不送袋	(1)夹闭合位接近开关故障 (2)袋放开位磁环开关故障 (3)进气缸电磁阀故障 (4)查台车送袋到位接近开关信号 (5)袋阀、缩袋阀、料门阀、台车取袋阀 PLC 的 I/O 口是否正常	(1)处理方法见前面所述元件故障处理方法1 (2)处理方法见前面所述元件故障处理方法3 (3)处理方法见前面所述元件故障处理方法4 (4)处理方法见前面所述元件故障处理方法1 (5)若 I/O 口触点损坏，更换相应输出单元
27	横进气缸送袋到位，夹袋装置不夹袋	(1)台车送袋到位接近开关故障 (2)夹袋电磁阀故障 (3)抱夹闭合位接近开关的 PLC I/O 口信号不正常 (4)吹袋阀 PLC 的 I/O 是否正常	(1)处理方法见前面所述元件故障处理方法1 (2)处理方法见前面所述元件故障处理方法4 (3)若 I/O 触点损坏 (4)更换相应输出单元

续表9-12

序号	故障现象	原因	处理方法
28	吸盘吸不住料袋	(1)吸嘴堵塞 (2)吸盘损坏 (3)相关真空电磁阀损坏	(1)清洗真空过滤器,检查真空管路 (2)更换吸盘 (3)处理方法见前面所述元件故障处理方法4
29	包装机经常吹袋	(1)夹袋压力不足 (2)开袋真空不足 (3)台车送袋位接近开关故障 (4)抱夹开阀 PLC 的 I/O 口是否正常 (5)包装气源没达到设计要求压力 0.5 MPa	(1)按故障序号24处理调整夹带压力 (2)按故障序号25处理调整真密度 (3)处理方法1 (4)若 I/O 口触点损坏,更换相应输出单元 (5)与供气部门沟通
30	放料门不打开	(1)抱夹半开位接近开关故障 (2)开袋真空不足 (3)夹袋压力不足 (4)缩袋阀、吹袋阀、抱夹开阀、料门阀 PLC 的 I/O 口是否正常 (5)缩口气缸、抱夹气缸速度调整不合适	(1)处理方法1 (2)调整真空度 (3)调整压力 (4)若 I/O 口触点损坏,更换相应输出单元 (5)调整相关调速阀
31	小车将满料袋送入夹口整形机入口导入时,袋口不整齐	(1)抱夹上夹板袋太紧 (2)夹口气缸开口慢 (3)导入中心和抱夹板中心不在同一铅垂面内	(1)放松上夹板 (2)调整夹口气缸开口速度 (3)调整对正

续表 9-12

序号	故障现象	原因	处理方法
32	缝纫机入口有袋子时,缝纫电机不启动	(1)缝纫机入口光电开关故障 (2)手动抱闸开关没有回到初始位 (3)电机故障,缺相或抱闸接触器故障	(1)处理方法见前面所述元件故障处理方法2 (2)旋回初始位 (3)检查并排除
33	缝纫机入口无袋时,缝纫电机一直转	(1)缝纫机入口光电开关故障 (2)缝纫机出口光电开关故障 (3)缝纫机电机接触器粘连 (4)减速电机的制动器故障	(1)处理方法见前面所述元件故障处理方法 (2)处理方法见前面所述元件故障处理方法 (3)检查更换 (4)停车检查,如刹车片松片,调整合适;如刹车片损坏,应立即更换

参 考 文 献

[1] 李可可.最新氯碱产品生产新工艺与过程优化控制及安全事故防范产品检测技术应用手册[M].北京:化学工业出版社,2006.

[2] 郑石子,等.聚氯乙烯生产与操作[M].北京:化学工业出版社,2007.

[3] 黄志明.聚氯乙烯工艺技术[M].北京:化学工业出版社,2008.